Altium Des
电路设计

主 编 鲁维佳 刘 毅 潘玉恒

北京邮电大学出版社
www.buptpress.com

内 容 简 介

本书共 9 章：第 1 章主要介绍了 Altium Designer 的发展、功能以及安装过程；第 2 章主要介绍了软件的界面、常规参数设置以及文件的管理；第 3 章主要介绍了原理图设计环境、工作菜单、工具栏等；第 4 章主要介绍了电路原理图的设计方法、元件库的使用、原理图的绘制方法等；第 5 章主要介绍了自上而下、自下而上的两种层次原理图设计方法以及层次性原理图的层次关系；第 6 章主要介绍了如何创建原理图库文件、制作原理图元件，创建 PCB 库文件、制作元件的 PCB 封装模型，如何生成元件集成库；第 7 章主要介绍了仿真元件库、仿真信号源以及仿真类型及参数设置；第 8 章主要介绍了 PCB 电路板设计基础，新建PCB 文件以及 PCB 菜单和工具栏；第 9 章主要介绍了 PCB 电路板的设计流程，包括规划电路板、装载网络表与元器件、元件布局、布线规则的设置等。

本书内容循序渐进，叙述深入浅出，适合作为普通高等院校电气与电子信息类、计算机及相关专业本科学生的学习用书，也可以作为电子线路设计工作者的参考用书。

图书在版编目(CIP)数据

Altium Designer 6. x 电路设计实用教程 / 鲁维佳，刘毅，潘玉恒主编. -- 北京:北京邮电大学出版社,2014.9
(2023.6 重印)

ISBN 978-7-5635-4085-3

Ⅰ. ①A… Ⅱ. ①鲁… ②刘… ③潘… Ⅲ. ①印刷电路—计算机辅助设计—应用软件—教材 Ⅳ. ①TN410.2

中国版本图书馆 CIP 数据核字(2014)第 176107 号

书　　　名：Altium Designer 6. x 电路设计实用教程
著作责任者：鲁维佳　刘　毅　潘玉恒　主编
责 任 编 辑：王丹丹
出 版 发 行：北京邮电大学出版社
社　　　址：北京市海淀区西土城路 10 号(邮编:100876)
发 行 部：电话:010-62282185　传真:010-62283578
E-mail:publish@bupt.edu.cn
经　　　销：各地新华书店
印　　　刷：北京虎彩文化传播有限公司
开　　　本：787 mm×1 092 mm　1/16
印　　　张：16.25
字　　　数：400 千字
版　　　次：2014 年 9 月第 1 版　2023 年 6 月第 5 次印刷

ISBN 978-7-5635-4085-3　　　　　　　　　　　　　　　　　　　定　价:32.00 元

· 如有印装质量问题,请与北京邮电大学出版社发行部联系 ·

前　　言

　　随着新型器件和集成电路应用越来越广泛,电路也越来越复杂,从而推动了电路设计自动化软件的不断发展。Altium Designer 是 Altium 公司开发的设计电路软件 Protel 的新版本,在沿袭前续版本强大的设计功能的基础上增加了一些功能模块,以适应当前电子线路高复杂度、高密度和信号高速度的设计要求。

　　本书是在参考了大量同类书籍的基础上,结合了作者多年的教学实践经验,进行了综合总结。以使用 Altium Designer 设计为核心,以能够进行常用电路板的设计为目的,引导读者全面学习 Altium Designer 软件,以达到快速入门和独立绘图的目的。

　　本书以英文版的 Altium Designer 6.9 为平台,从实用角度出发,针对学生在学习中的重点、难点进行了针对性的讲解。根据电路板的设计过程,结合典型实例,从实用的角度出发,系统地介绍了电路原理图的设计、电路原理图的仿真以及 PCB 电路板的设计方法。

　　本书共 9 章:第 1 章主要介绍了 Altium Designer 的发展、功能以及安装过程;第 2 章主要介绍了软件的界面、常规参数设置以及文件的管理;第 3 章主要介绍了原理图设计环境、工作菜单、工具栏等;第 4 章主要介绍了电路原理图的设计方法、元件库的使用、原理图的绘制方法等;第 5 章主要介绍了自上而下、自下而上的两种层次原理图设计方法以及层次性原理图的层次关系;第 6 章主要介绍了如何创建原理图库文件、制作原理图元件,创建 PCB 库文件、制作元件的 PCB 封装模型,如何生成元件集成库;第 7 章主要介绍了仿真元件库、仿真信号源以及仿真类型及参数设置;第 8 章主要介绍了 PCB 电路板设计基础,新建 PCB 文件以及 PCB 菜单和工具栏;第 9 章主要介绍了 PCB 电路板的设计流程,包括规划电路板、装载网络表与元器件、元件布局、布线规则的设置等。

　　本书由鲁维佳、刘毅、潘玉恒共同编写完成。其中第 1~4 章由潘玉恒编写,第 5、6 章由刘毅编写,第 7~9 章由鲁维佳编写。在编写的过程中查阅、参考了许多参考文献,得到了很多启发,在此向参考文献的作者致以诚挚的谢意。本书在编写过程中还得到了北京邮电大学出版社的大力支持和帮助,在此亦表示衷心感谢。由于时间仓促,作者水平有限,书中错误和不妥之处在所难免,欢迎广大读者批评指正。

编　者

目　　录

第1章

概　　述

随着电子技术的迅速发展和芯片生产工艺的不断提高,进一步推动了信息社会的飞速发展。电子产品的更新换代的速度越来越快,越来越趋于小型化、平面化,电路板的尺寸越来越小,电路板上的芯片越来越小,布线的密度越来越高,电路越来越复杂。传统的单面板已经不能满足现代电子产品的设计,双面板、多层板已经成为主流,电子工程师通过手工方式设计电子线路板的时代已经过去了。计算机辅助设计/制造(CAD/CAM)等电子设计工具辅助设计已经成为必然趋势,越来越多的设计人员使用快捷、高效的 CAD 设计软件来进行辅助电路原理图、印制电路板图的设计,打印各种报表。在电子线路自动设计工具中影响最大的有 Protel、PowerPCB、AutoCAD、Cadence 等设计软件。这几种软件各有各的特点,但是在中国由于早期 Protel 99SE 的风靡,所以基本上国内的电子线路设计工具基本上被 Protel 所垄断。

Altium Designer 是 Altium 公司于 2006 年年初开发的一种电子设计自动化(Electronic Design Automation,EDA)设计软件,也是 Altium 公司(Protel 软件原厂商)继 Protel 2004 后推出的 Protel 系列的高端版本。Altium Designer 是目前使用最多的电子线路设计软件之一,它能够协助用户完成电子产品的电路设计工作,把原理图设计、电路仿真、PCB 绘制编辑、拓扑逻辑自动布线、信号完整性分析和设计输出等技术的完美融合,为设计者提供了全新的设计解决方案,极大地提高了电子线路的设计效率和设计质量,有效减轻了设计人员的劳动强度和工作的复杂度,为电子工程师们提供了便捷的工具。

Altium Designer 除了全面继承包括 Protel 99SE,Protel 2004 在内的先前一系列版本的功能和优点以外,还增加了许多改进和很多高端功能。Altium Designer 6.0 拓宽了板级设计的传统界限,全面集成了 FPGA 设计功能和 SOPC 设计实现功能,从而允许工程师能将系统设计中的 FPGA 与 PCB 设计以及嵌入式设计集成在一起。在一定程度上 Altium Designer 打破了传统的设计工具模式,提供了以项目为中心的设计环境,包括强大的导航功能、源代码控制、对象管理、设计变量和多通道设计等高级设计方法,使用户可以轻松地进行各种复杂的电子电路设计工作。

1.1　Altium Designer 的发展史

随着电子工业的飞速发展和电子计算机技术的广泛应用,促进了电子设计自动化技术日新月异。尤其是 20 世纪 80 年代末期，由于电子计算机操作系统 Windows 的出现，引发了计算机辅助设计（Computer Aided Design，CAD）软件的一次大变革，纷纷臣服于 Microsoft 的 Windows 风格，并随着 Windows 版本的不断更新，也相应地推出新的 CAD 软件产品。在电子 CAD 领域，Altium 公司的前身 Protel 国际有限公司在 EDA 软件产品的推陈出新方面扮演了一个重要角色。

从 1991 年开始，Protel 公司先后推出了 EDA 软件版本有基于 Windows 的 Protel For Windows 1.0～2.0；基于 Windows 95 的 Protel 3.x 和 Protel 98；到 1999 年的 Protel 99 以及 2000 年的 Protel 99 SE，使得该软件成为集成多种工具软件的桌面级 EDA 软件。Protel 99 SE 也是近 10 年来大多数高校上课时所普遍采用的软件版本。

2001 年 8 月，Protel Technology 公司整合了多家 EDA 软件公司，更名为 Altium 公司，并于 2002 年推出了一套全新的 Protel DXP 电路板设计软件平台，简称 Protel DXP。

2004 年又推出了 Protel 2004 电路板设计软件平台，简称 Protel 2004。该软件提供了 PCB 与 FPGA 双向系统设计功能。每一次版本的更名，不仅仅是结构的变化，更是功能的完善。

2005 年年底，Altium 公司推出了 Protel 系列的最新高端版本 Altium Designer 6.0，这是一个完全一体化的电子产品开发系统的版本。Altium Designer 是业界首例将设计流程、集成化 PCB 设计、可编程器件（如 FPGA）设计和基于处理器设计的嵌入式软件开发功能整合在一起的产品。

2006 年 5 月，Altium 公司宣布发布 Altium Designer 6.3 版本。作为业界唯一的统一化电子产品开发解决方案，最新发行版本不仅提供了大量的新功能以加快设计流程，同时还对转换功能模块进行了升级，以便准确、高效、低成本地将其他系统（如 OrCAD 和 PADS）的设计文件转换为 Altium Designer 的设计文件，从而确保所有工程师可以充分利用最新电子技术和统一开发环境所带来的新的设计。再次基础上，该公司又做了较大的 6 次更新和改进。

2008 年夏天，Altium 公司又推出了 Altium Designer 8 EDA 设计软件，它是 Altium Designer 6 的升级版本，它继承了 Altium Designer 6 的风格、特点，也包括了全部功能和优点，又增加了许多高端功能，使电子工程师的工作更加便捷、有效和轻松。解决电子工程师在项目开发中遇到的各种挑战，同时还推动了该软件向更高端的 EDA 工具的迈进。

本书将以 Altium Designer 6.9 版本软件为例，向读者介绍 Altium Designer 软件的组成、功能和操作方法。以下统称为 Altium Designer。

1.2 Altium Designer 的功能及特点

Altium Designer 功能主要有以下 5 个方面。

1. 原理图设计系统

原理图设计系统是整个 PCB 设计的第一步，也是最基础的一步，由电路原理图（SCH）编辑器、原理图元件库（SCHLib）编辑器和各种文本编辑器等组成。该系统的主要功能如下。

（1）绘制和编辑电路原理图：Altium Designer 为用户提供了一套丰富的元件库，与 Protel 以前版本相比更加人性化。新增加了"灵巧粘贴"功能，支持分层组织的模块化设计方法，多通道原理图，Altium Designer 可以通过原理图编辑器的设计同步器实现与 PCB 板的双向交互功能等。

（2）制作和修改原理图元件符号或元件库：支持基于 ODBC 和 ADO 的数据库，可以使用 OrCAD 的器件库，完全兼容之前系列版本创建的库文件等。可版本控制的元件库管理，可在线编辑元件，随时修改元件的引脚。

（3）强大的设计自动化功能：可以生成原理图和元件库的各种报表，以及更加方便快捷的查询功能。

2. 印制电路板设计

印制电路板设计系统是整个电路板设计的关键，由印制电路板(PCB)编辑器、元件封装 (PCBLib)编辑器和板层管理器组成等。该系统的主要功能如下。

（1）印制电路板设计与编辑：Altium Designer 的 PCB 编辑器提供了元件的自动和交互布局，可以大幅减少布局工作的负担，适合不同情况的大量的设计法则。通过详尽全面的设计规则定义，可以为电路板的设计符合实际要求提供保证，并且采用了树形结构，浏览更加方便。可实时阻抗控制布线，Situs 自动布线器，差分对布线等新功能。

（2）元件的封装制作与管理：交互式全局编辑，支持飞线编辑功能和网络编辑功能，PCB 可同时显示引脚号和网络号。

（3）板型的设置与管理：支持单层显示，3D 格式输出。增强了对高密度板设计的支持，可用于高速数字信号设计，提供大量新功能和功能改进，改善了对复杂多层板卡的管理和导航，可将元件放置在 PCB 板的正反两面，处理高密度封装技术。

3. 电路的仿真

Altium Designer 系统含有一个功能很强大的模拟数字仿真器。该仿真器的功能是：可以对模拟电子电路、数字电子电路和混合电子电路进行仿真实验，以便于验证电路设计的正确性和可行性。强大的前端将多层次、多通道的原理图输入、混合信号仿真、VHDL 开发和功能仿真及布线前信号完整性分析结合起来。在混合信号仿真部分，提供完善的混合信号仿真、布线前后的信号完整性分析功能，除支持 Xspice 标准之外，还支持对 Pspice 模型和电路的仿真。

4. 可编程逻辑电路设计系统

可编辑逻辑电路设计系统由一个具有语法功能的文本编辑器和一个波形发生器等组成。该系统的主要功能是：对可编程逻辑电路进行分析和设计，观测波形；可以最大限度地精简逻辑电路，使数字电路设计达到最简；增强了基于 FPGA 的逻辑分析仪，可支持 32 位和 64 位信号输入。Altium Designer 以强大的设计输入功能为特点，在 FPGA 和板级设计中同时支持原理图输入和 VHDL 硬件描述语言输入模式；基于 VHDL 的设计仿真、混合信号电路仿真和信号完整性分析。

5. 信号完整性分析

Altium Designer 系统提供了一个精确的信号完整性模拟器。可用来检查印制电路板设计规则和电路设计参数，测量超调量和阻抗，分析谐波等，帮助用户避免设计中出现盲目性，提高设计的可靠性，缩短研发周期和降低设计成本。

1.3　Altium Designer 的配置要求

1. 推荐配置

（1）操作系统：Windows XP，Windows 7。

（2）硬件配置：

- CPU：P4，主频 1.2 GHz 或者更高处理器；
- 内存：1 GB；
- 硬盘空间：2 GB；
- 最低显示分辨率：1 280×1 024 像素，32 位色，显存 64 MB。

2. 最低配置

（1）操作系统：Windows 2000 专业版。

（2）硬件配置：

- CPU：500 MHz；
- 内存：512 MB；
- 硬盘空间：1 GB；
- 最低显示分辨率：1 280×768 像素，16 位色，显存 32 MB。

1.4　安装过程

1.4.1　Altium Designer 的安装

Altium Designer 软件是标准的基于 Windows 的应用程序，它的安装或者卸载过程与其他 Windows 操作系统下的应用软件基本相同。

（1）在 Windows 操作系统下，将 Altium Designer 安装光盘放入光驱，光盘自动运行后弹出安装向导窗口，如图 1-1 所示。如果光盘未自动运行，可以直接单击 Setup 文件夹中的"setup.exe"安装应用程序，也会弹出如图 1-1 所示的安装向导窗口。

（2）单击 Next > 按钮，进入如图 1-2 所示的注册协议许可对话框。在该对话框中，用户如果对 Altium 公司提出的使用协议没有异议，选中【I accept the license agreement】单选项，然后单击 Next > 按钮继续下一步。

（3）在弹出的用户信息对话中，用户可根据自身情况，在用户信息登记对话框的【Full Name】文本中输入用户名，在【Organization】文本框中输入单位名称，如图 1-3 所示。除此之外，在该对话框中用户还可以设定该软件的使用权限：【Anyone who use this computer】和【Only for me】。

图 1-1　安装向导窗口

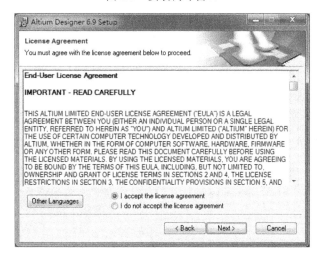

图 1-2　注册协议许可对话框

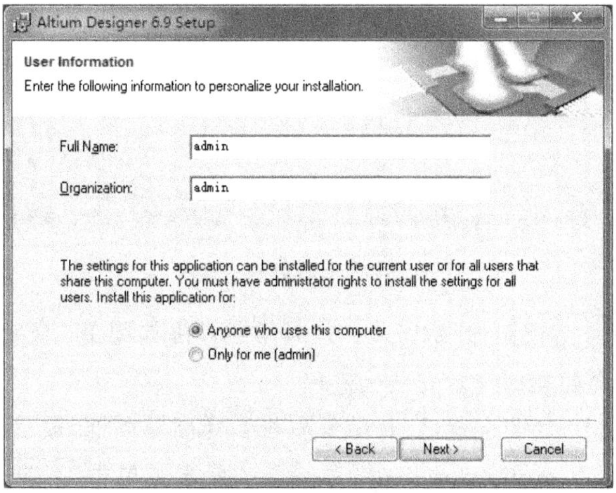

图 1-3　注册协议许可对话框

（4）单击 Next> 按钮继续下一步操作,在弹出的对话框中用户可以选择软件的安装路径,如图 1-4 所示。默认的路径是"C:\Ptogram Files\Altium Desgner 6\"。也可以单击 Browse 按钮选择安装到其他安装路径。完成本步操作后单击 Next> 按钮继续。

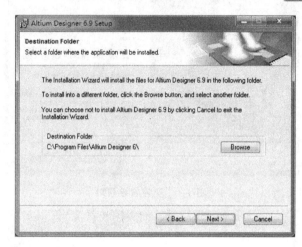

图 1-4 选择安装路径对话框

（5）单击 Next> 按钮,继续下一步操作即可进入准备就绪对话框,如图 1-5 所示。如果确定所有的准备工作已经完成,可以单击 Next> 按钮开始程序的安装。如果仍要改变安装路径,只要单击 <Back 按钮,就可以返回上一步重新设置。

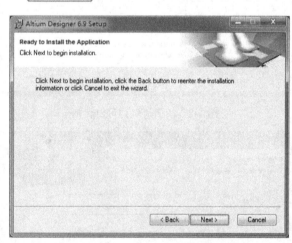

图 1-5 准备就绪对话框

（6）单击 Next> 按钮,开始安装。这时候会弹出如图 1-6 所示的对话框,提示安装进程窗口,安装进度条将实时显示安装的进程。

（7）安装过程要 10 分钟左右,安装结束后将会弹出对话框,提示安装成功,即"Altium Designerhas been successfully installed",如图 1-7 所示。单击 Finish 按钮,即可完成 Altium Designer 的安装过程。

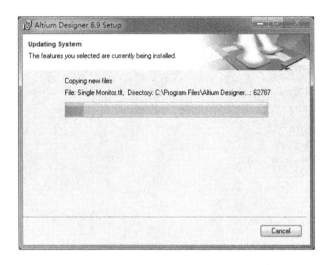

图 1-6　安装进程窗口

图 1-7　安装完毕对话框

1.4.2　Altium Designer 的认证

初次启动 Altium Designer 系统时,其启动画面就会提示用户添加许可协议,如图 1-8
所示。启动完成后会出现 Altium Designer 许可管理的画面,如图 1-9 所示。

用户获得软件使用许可有两种方式,一种是通过 Internet 或销售商获得使用许可,按照
要求注册后方可使用。另一种是可以选用添加文件的方式来获得许可。本例选用添加文件
来获得软件使用许可。Altium Designer 的许可协议文件是一个扩展名为"alf"的文件,其添
加方法是,单击 Add license file 按钮,在【打开】文件选择对话框中选择许可协议文件。

图 1-8　Altium Designer 启动画面

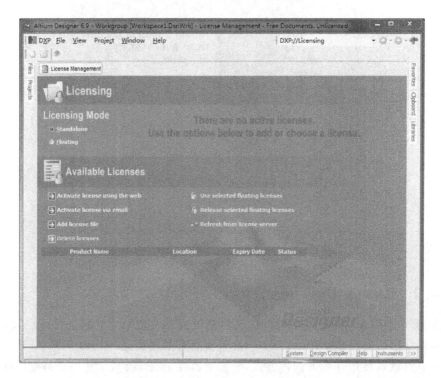

图 1-9　Altium Designer 许可管理

　　许可协议添加后,此时用户才有使用该软件全部功能的权利,同时许可管理窗口显示相应的内容,如图 1-10 所示。

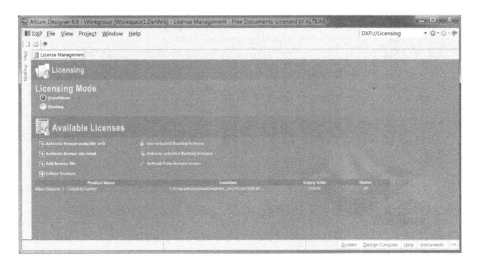

图 1-10 Altium Designer 获得认证

课 后 习 题

1.1 Altium Designer 的主要功能是什么?

1.2 如何在计算机中安装 Altium Designer 软件?

1.3 了解 Altium Designer 的发展史。

第 2 章

电路原理图设计基础

本章主要介绍原理图设计的基础知识,常规参数设置和文件类型。不同类型的文档会提供不同类型的编辑环境,面板上的标签、菜单、工具栏也会发生相应的变化。

2.1 软件界面

Altium Designer 的集成开发环境,主要包括文件管理环境的类型,以及环境与资源的设置。

在 Windows 系统中,可以通过开始菜单启动 Altium Designer 软件,与其他软件的启动方法一样。选择【开始】→【所有程序】→【Altium Designer6】就会进入软件主界面。如图 2-1 所示。

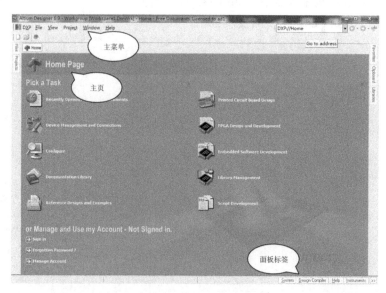

图 2-1　Altium Designer 工作窗口

2.1.1 主菜单和工具栏

Altium Designer 的菜单栏是用户启动和优化设计的入口,它具有命令操作、参数设置等功能。当用户进入 Altium Designer,首先看到的是主菜单栏中有 6 个下拉菜单,如图 2-2 所示。

图 2-2　主菜单栏

下面介绍主菜单命令的功能如下。

(1) 系统菜单 DXP:主要用于设置系统参数,使其他菜单及工具栏自动改变以适应编辑的文件。各选项功能如图 2-3 所示。

(2) File 下拉菜单:主要用于文件的新建、打开和保存等,各选项功能如图 2-4 所示。菜单右侧带有 ▸ 图标时,表示存在下一级子菜单,光标指向该菜单选项时,子菜单会自动弹出。如菜单选项【New】就有一子菜单,主要包括系统可新建的各种文件,如图 2-5 所示。

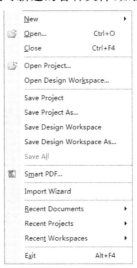

图 2-3　DXP 菜单

图 2-4　File 菜单

图 2-5　New 子菜单

（3）View 下拉菜单：主要用于是否显示工具栏、状态栏和命令等的管理，并控制各种工作窗口面板的打开和关闭，各选项功能如图 2-6 所示。

（4）Project 下拉菜单：主要用于整个工程项目的编译、分析和版本控制，各选项功能如图 2-7 所示。

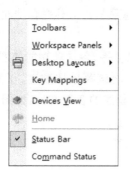

图 2-6　View 菜单

图 2-7　Project 菜单

（5）Windows 下拉菜单：主要用于多个窗口排列的管理，各项功能如图 2-8 所示。

（6）Help 下拉菜单：主要用于打开帮助文件，各项功能如图 2-9 所示。

图 2-8　Windows 菜单

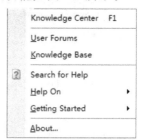

图 2-9　Help 菜单

2.1.2　工作面板和窗口管理

Altium Designer 的工作面板和窗口与之前版本的 Protel 软件有一些不同，对其管理有一些特别的操作方法，而且熟练地掌握工作面板和窗口管理能够极大提高电路设计的效率。

1. 标签栏

工作面板在设计工程中十分常用，通过它可以方便地操作文件和查看信息，还可以提高编辑的效率。单击屏幕右下角的面板标签，如图 2-10 所示。

图 2-10　工作面板标签

单击面板中的标签，可以选择每个标签中相应的工作面板窗口，如单击 System 标签，则会出现如图 2-11 所示的面板选项。

2. 工作面板的窗口

在 Altium Designer 中大量使用的工作窗口面板,可以通过工作窗口面板方便实现打开

文件、访问库文件、浏览每个设计文件和编辑对象等功能。工
作窗口面板可以分为两类,一类是在任何编辑环境中都有的
面板,如库文件面板和工程面板。另一类是在特定的编辑环
境下才会出现的面板,如 PCB 编辑环境下的导航器面板。

面板的显示方法有三种。

(1) 自动隐藏方式:如图 2-12 所示,工作区面板处于自动
隐藏方式,要显示某个工作面板时,可以单击相应的标签,工
作面板会自动弹出。

(2) 锁定隐藏方式:如图 2-13 所示,单击左侧 Project 面
板处于锁定显示方式。

图 2-11　System 面板选项

图 2-12　工作面板隐藏方式

图 2-13　工作面板锁定方式

（3）浮动显示方式：如图 2-14 所示，拖动工作区面板，可以进入浮动显示方式。

图 2-14　工作面板浮动方式

2.2　系统常规参数设置

2.2.1　常规参数

DXP 系统菜单中进行的参数设置，将影响所有后续的设计工作。

单击图 2-15 中的【Preferences】命令，可打开如图 2-16 所示的系统常规参数设置对话框。

General 设置包括 5 部分内容：Startup、Default Locations、System Font、General 和 Localization。如图 2-16 所示。

（1）Startup 区域

包括以下三个选项，可根据情况勾选。

• 【Reopen Last Workspace】：启动系统时打开上次关闭系统时所在的工作区界面。

• 【Open Home Page if no documents open】：如果没有打开的文档时，则打开主页。

• 【Show startup screen】：系统启动时，显示如图 1-8 所示的启动界面。

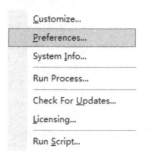

图 2-15　DXP 系统菜单

（2）Default Locations 区域

• 【Document Path】：系统默认的打开和保存设计文件的路径。

• 【Library Path】：系统默认的库文件所在的路径。

（3）System Font 区域：选中时可以选择系统显示所用的字体。

（4）General 区域：设置剪切板只保存本系统内所复制或剪切的内容。

（5）Localization 区域：设置系统语言环境是否本地化，即和操作系统所使用的语言环境相匹配。如果选中【Use localized resources】对话框，即可使用汉化版本的软件。

图 2-16　系统常规参数设置对话框

2.2.2　其他参数设置

（1）View 参数设置

View 参数设置对话框如图 2-17 所示。在该对话框中可以设置系统显示的相关参数，在 Desktop 区域中的【Exdusions】对话框中可以选择不自动保存和恢复的文档类型，如图 2-18 所示。

图 2-17　系统显示参数设置

图 2-18　排除自动保存文档选择对话框

（2）Transparency 参数设置

如图 2-19 所示，用来设置浮动窗体的透明度。当工作区有浮动窗体时，改变透明度参数，可以改变在工作区进行操作时浮动窗体的透明程度。

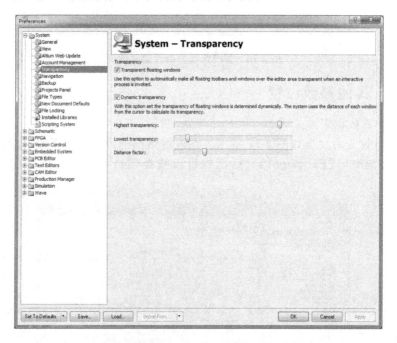

图 2-19　系统浮动视窗透明度参数设置

（3）Navigation 设置对话框

如图 2-20 所示，系统导航参数设置共有三个区域。

• 【Highlight Methods】：选中其中的选项，确定在比较两个设计文档时导航面板中高亮显示的相关内容，或在编译信息窗口高亮显示相关的内容。

• 【Object To Display】：选中其中的选项，确定在导航面板中要显示的内容。

• 【Zoom Precision】：调节使用导航面板选择对象编辑区内对应对象的显示比例。

图 2-20　导航参数设置对话框

（4）Backup 设置

如图 2-21 所示，Auto Save 区域要用来设置自动备份的时间间隔、保存的版本和备份文件储存路径。其中"保持版本数目"是指自动备份时可存储的文档数量，如图中设置，每隔30 分钟备份一次，共存储 5 个文件："＊．＊（1）"…"＊．＊（5）"，括号内是备份序号，最新存储的备份文档序号总是"（1）"。自动备份时依次上顶，到第六次自动备份时，最先存储的备份文档被第二次自动备份的文档覆盖。

图 2-21　系统自动备份参数设置

（5）Installed Libraries 参数设置

如图 2-22 所示，Installed Libraries 参数设置对话框中，可以安装（加载）库文件、移除（卸载）库文件和排序。

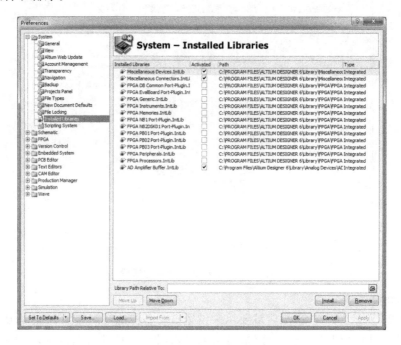

图 2-22　系统已加载的库文件参数设置

2.3　文件组织管理

2.3.1　文件类型

Altium Designer 中的所有工作都保存在文件中，文件承载着我们的设计。文件包括项目文件、原理图文件、PCB 文件等，这些文件都由 File 菜单组织和管理。

文件的类型有许多种，有一些类型是整个操作系统都支持的，如扩展名为 exe 的可执行文件和扩展名为 txt 的文本文件；有一些文件类型是某个软件独有的。如 Altium Designer 支持扩展名为 Sch 的原理图文件。该软件所支持的文件类型分别是寄存器、扩展名和描述，分别说明如下。

（1）寄存器：文件的图标在软件中的表示。

（2）扩展名：文件的扩展名。

（3）描述：对文件类型的说明。

例如扩展名为 Pcb，其描述是 Protel PCB Document，寄存器是" 🖳 "，意思是凡是扩展名为 Pcb 的文件均是 Protel 电路板文件。

　　单击系统面板标签 System ,在其弹出的菜单中选择【Projects】,打开【Projects】面板,如图 2-23 所示。此时显示的是项目文件。

　　单击系统面板标签 System ,在其弹出的菜单中选择【Files】,打开【Files】面板,如图 2-24 所示。在【Files】里可以新建原理图和 PCB 文件。

　　项目文件的后缀是". PrjPCB",原理图文件的后缀是". SchDoc",PCB 文件的后缀是". PcbDoc"。

图 2-23　【Projects】工程面板

图 2-24　【Files】文档面板

2.3.2　建立新工程、原理图文件

1. 建立新工程

建立新工程有两种方法,从系统面板标签里建立和从系统菜单栏里建立。

　　(1) 单击【Files】面板,选择【Blank Project(PCB)】,就可以建立新的工程,如图 2-24 所示。

　　(2) 单击系统菜单栏的【File】选项,在弹出的下拉菜单里依次单击【New】→【Project】→【PCB Project】即可。如图 2-25 所示。

　　新建的工程文件默认命名为 PCB_Project1.PrjPCB,如图 2-26 所示。

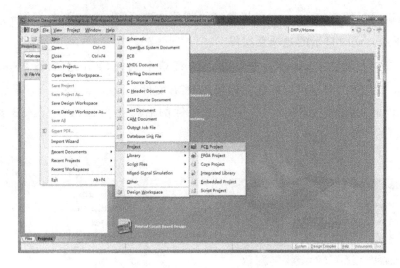

图 2-25　建立新工程

图 2-26　建立新 PCB 工程

2. 如何在新的工程中新建、保存原理图文件

（1）光标移动到文件"PCB_Project1. PrjPCB"上右击，在出现的对话框中单击【Save Project】，如图 2-27 所示。在文件名栏输入文件名称，单击【保存】按钮，将文件以"温度显示电路"名称保存。保存后在工程面板的工作区中显示的 PCB 文件名称如图 2-28 所示。

（2）光标移动到文件"PCB_Project1. PrjPCB"上右击，在出现的对话框选择【给工程添加新的】→【Schematic】，即可添加新的原理图到工程中。如图 2-29 所示，原理图的保存与工程文件的保存相同。添加新原理图后界面如图 2-30 所示。

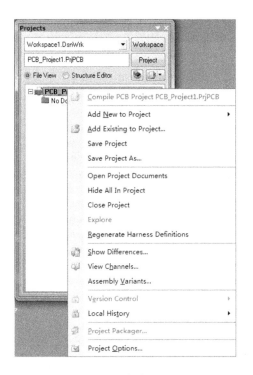

图 2-27　保存工程

图 2-28　保存后工程名称

图 2-29　工程中添加原理图

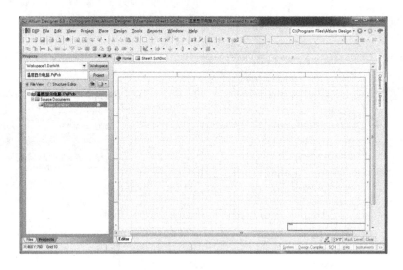

图 2-30　添加新原理图后的界面

2.3.3　工程打开、关闭、添加文件

1. 打开工程

　　打开一个工程，可以执行菜单命令【File】→【Open Project】，如图 2-31 所示。在弹出的 Choose Project to Open 对话框内，选择要打开的工程，在图 2-32 所示的对话框窗口中单击"单片机最小系统"项目文件，最后单击 **打开(O)** 按钮确认。或者执行菜单命令【Project】→【Add New Project】后，选择工程文件打开。

　　打开"单片机最小系统"项目文件后，在项目面板的工作区中其相关文件以程序树的形式出现，如图 2-33 所示。

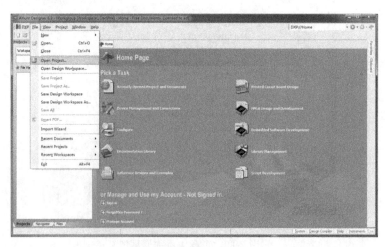

图 2-31　打开工程

图 2-32　打开工程组文件对话框

图 2-33　工程在项目面板上的显示

2. 关闭文件

关闭某个已打开的文件,有多种方法,下面介绍两种:

(1) 在工作区中右击要关闭工程组文件,在弹出的快捷菜单上选择【Close Project】命令。如图 2-34 所示。

(2) 在项目管理标签上,右击要关闭的原理图文件标签,在弹出的快捷菜单上选择【Close Sheet1.SchDoc】命令。如图 2-35 所示。

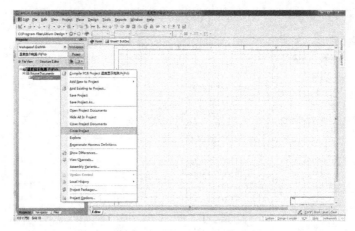

图 2-34　从工作区里关闭工程文件

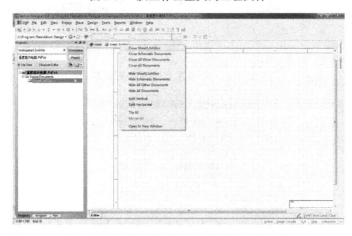

图 2-35　从项目管理标签上关闭原理图文件

3．工程添加文件

在工作区中右击要添加文件的工程,在弹出的快捷菜单上选择【添加现有的文件到工程】命令,如图 2-36 所示。

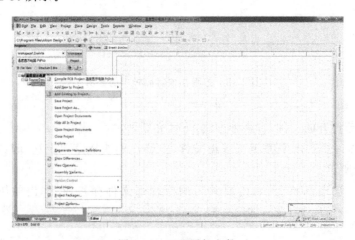

图 2-36　工程添加文件

课 后 习 题

2.1　新建一个名为 example1.PrjPCB 的工程文件。保存在 C:\AD6 路径下。在该工程文件下，新建一个名为 example1.SchDoc 的原理图文件，同样保存在 C:\AD6 路径下。

2.2　熟悉系统常规参数设置对话框。

第 3 章

电路原理图设计环境

本章主要介绍 Altium Designer 原理图,编辑环境中的各个菜单命令和各个工具栏命令的作用。

3.1 原理图设计环境

启动 Altium Designer 后,系统并不会直接进入原理图编辑的操作界面,当用户新建或打开一个 PCB 项目中的原理图文件时,系统才会进入原理图编辑的操作界面。

利用第 2 章的方法,新建工程文件名默认为 PCB_Project1. PrjPCB。保存工程文件,在弹出的保存文件对话框中更改工程文件名(不推荐使用默认文件名)并保存在 C:\Program Files\Altium Designer6\Examples 目录下。在工程文件夹中新建一个原理图文件,默认文件名为 Sheet1. SchDoc。其界面如图 3-1 所示,由工作区、主菜单、快捷工具栏、悬浮、窗口、活动面板等构成。

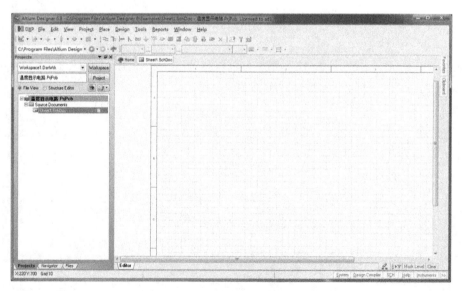

图 3-1 原理图编辑操作界面

3.2　原理图菜单

Altium Designer 的原理图编辑界面中有许多菜单栏,如图 3-2 所示。

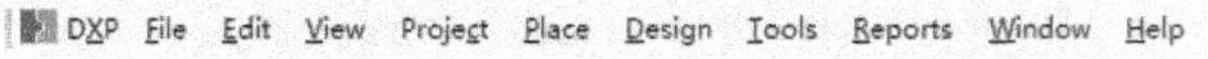

DXP　File　Edit　View　Project　Place　Design　Tools　Reports　Window　Help

图 3-2　原理图编辑界面中的菜单列表

下面介绍一下各菜单的功能。

3.2.1　File 菜单

File 菜单如图 3-3 所示,各项功能如下。

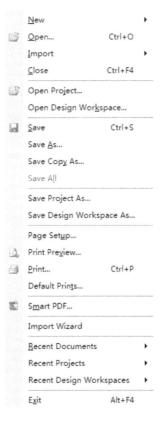

图 3-3　File 菜单

(1) New 命令:如图 3-4 所示。Altium Designer 软件中所有类型的文件都可以在该命令中创建。

(2) Open 命令:可以打开单独的文件,如原理图文件、PCB 文件等。

(3) Import 命令:可以将 AutoCAD 的图纸文件导入查看。

（4）Open Project 命令：可以打开已有的工程文件。

（5）Open Design Workspace 命令：可以打开已有的工作空间文件。

（6）Save 区域命令：可以保存文件、工程文件、设计工作区等。

（7）Page Setup 命令：图纸打印的相关设置。

（8）Import Wizard 命令：以将其他版本的文件导入到 Altium Designer 中使用，如图 3-5 所示。

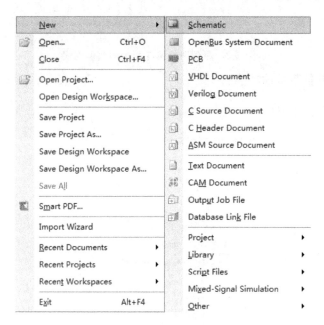

图 3-4　New 菜单

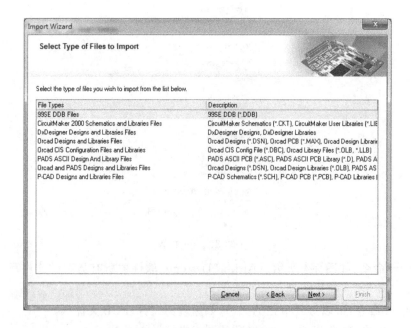

图 3-5　Import Wizard 界面

3.2.2　Edit 菜单

Edit 菜单如图 3-6 所示。各项功能如下。

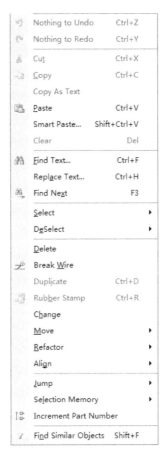

图 3-6　Edit 菜单

（1）Nothing to Undo 和 Nothing to Redo 命令：前进后退操作的命令。与其他一些软件的功能类似。

（2）Cut 命令：选中要剪切的元件，执行该命令，可以完成剪切功能。

（3）Copy 和 Copy As Text 命令：选中要复制的元件，执行该命令，可以完成剪切功能。作为文本复制是复制为文本的命令。

（4）Paste 和 Smart Paste 命令：执行完复制命令后，执行粘贴命令，可以完成粘贴功能。执行灵巧粘贴命令，弹出的对话框如图 3-7 所示。可以选择所需要的粘贴格式。

（5）Clear 命令：执行该命令可将所选内容清除。

（6）Find Text 和 Replace Text 命令：可快速查找和替代文本命令，此命令可在整个工程、当前文档对字符、元件标号进行查找和替代。

（7）Select 命令：单击命令会弹出如图 3-8 所示的子菜单，其中各项意义如下。

- Inside Area：选择框内的内容。
- Outside Area：选择框外的内容。

- All：全部选择。
- Connection：选择连接线。

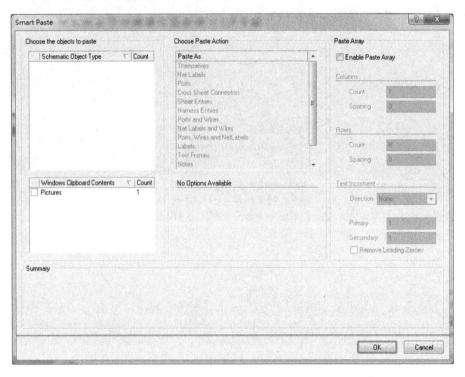

图 3-7　Smart Paste 对话框

（8）Deselect 命令：单击命令会弹出如图 3-9 所示的子菜单。其中各项意义如下。

图 3-8　Select 子菜单　　　　图 3-9　Deselect 子菜单

- Inside Area：撤销选择框内的内容。
- Outside Area：撤销选择框外的内容。
- All On Current Document：撤销当前的全部选择。
- All Open Documents：撤销所有已经打开的文档中的所有元件的选择状态。

（9）Delete 命令：执行完该命令后，单击需要删除的内容即可。

（10）Break Wire 命令：执行该命令后，可将连线中断。

（11）Move 命令：可以完成移动拖动等相关操作。

（12）Align 命令：可将元件排列和对齐等相关操作。

3.2.3　View 菜单

View 菜单如图 3-10 所示，各项功能如下。

图 3-10　View 菜单

（1）Fit Document 命令：将整张电路图缩放在窗口中，执行命令前后效果如图 3-11 和图 3-12 所示。

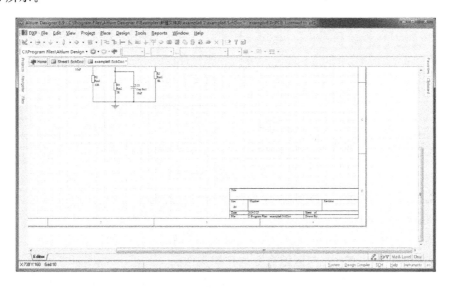

图 3-11　执行命令前的电路图

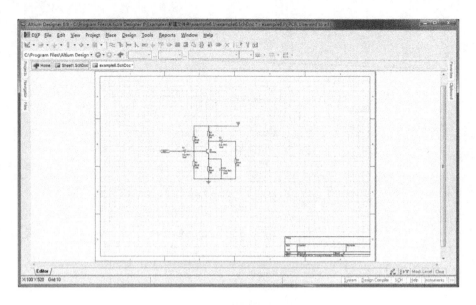

图 3-12　执行命令后的电路图

（2）Fit All Objects 命令：将电路图缩放在窗口内，不包含电路图边框及空白部分，如图 3-13 所示。

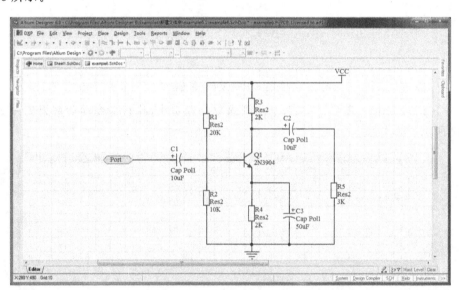

图 3-13　显示全部电路

（3）Area 命令：将指定的区域放大到整个窗口。启动该命令后，用鼠标可以对某一区域放大查看，如图 3-14 所示。

（4）Selected Objects 命令：选择某个元件放大到整个屏幕，如图 3-15 所示。

（5）Around Point 命令：与区域命令的作用类似。

（6）50%、100%、200%、400%命令：以原始尺寸的 50%、100%、200%、400%比例来显示。

（7）Zoom In、Zoom Out 命令：放大、缩小原理图的显示范围。

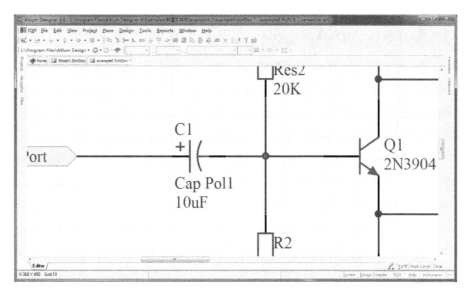

图 3-14 区域选择后的电路图

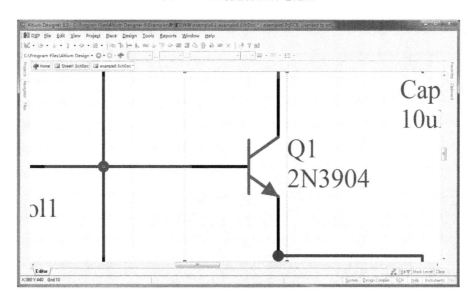

图 3-15 选中对象后的效果

（8）Pan 命令：以当前光标位置为中心，重新定义窗口的中心位置。

（9）Toolbars、Workspace Panels 命令：可以对工具栏激活或隐藏，以及工作面板标签的使用。

（10）Toggle Units 命令：英制单位和公制单位的切换。

3.2.4 Project 菜单

Project 菜单中的命令是对工程进行编译的各项命令，如图 3-16 所示。各项功能如下。

（1）Compile Document 命令：对原理图进行编译，找出其中包含的错误。

（2）Compile PCB Project 命令：对这个工程文件进行编译，找出其中包含的错误。

（3）Add New to Project 命令：添加新建文件到工程文件夹中，在子菜单中可以选择新建文件的种类，并将相应的新建文件添加到工程中，子菜单如图 3-17 所示。

图 3-16　Project 菜单　　　　　　　图 3-17　Add New to Project 子菜单

（4）Add Existing to Project 命令：将现有的文件添加到工程中。

（5）Remove from Project 命令：将现有的文件从当前工程中移除。

（6）Project Document 命令：可打开当前工程中的任意文件。

（7）Close Project Document 命令：关闭当前原理图文件。

（8）Close Project 命令：关闭当前工程文件。

3.2.5　Place 菜单

Place 菜单中的命令与布线工具栏中的命令相同，在介绍布线工具栏时会详细介绍，这里就不再重复了。

3.2.6　Design 菜单

如果工程中没有包含 PCB 文件，设计菜单如图 3-18 所示。如果工程中已经添加了 PCB 文件，则设计菜单在图 3-18 的第一项功能之前增加一项 Update PCB Document xxxx.PcbDoc，xxxx 代表文件名。其中各项功能如下。

（1）Update PCB Document 命令：在原理图设计完毕时，将网络和元件封装更新到 PCB 文件中。执行该命令，会弹出如图 3-19 所示对话框，提示更新的行为、更新的元件和连线、更新的 PCB 文件等，如果确认无误，则点击 Validate Changes 按钮。如果右侧出现绿色对号，则表示更新信息正确。如果有红色叉号,则表示存在错误,如图 3-20 所示。如果全是绿色对号,则单击 `Execute Changes` 按钮,原理图的相关信息导入 PCB 文件。

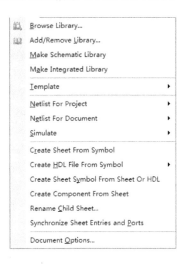

图 3-18　Design 菜单

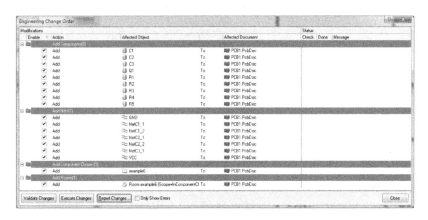

图 3-19　更新 PCB 对话框状态 1

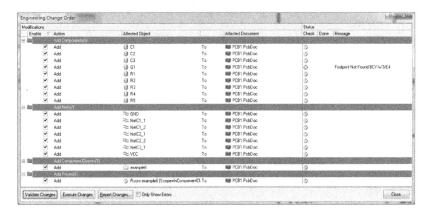

图 3-20　更新 PCB 对话框状态 2

（2）Browse Library 命令：可以打开库文件的工作面板。

（3）Add/Remove Library 命令：可以添加或删除工程里可使用的库，如图 3-21 所示。

图 3-21　Add/Remove Library 对话框

（4）Make Schematic Library 命令：新建元件原理图库文件。

（5）Make Integrated Library 命令：新建元件库文件。

（6）Netlist For Project 命令：执行命令可弹出子菜单如图 3-22 所示。生成当前工程的各种报表。

（7）Netlist For Document 命令：生成当前原理图的各种报表。

（8）Simulate 命令：执行命令可以弹出 Mixed Sim 子命令，可实现电路仿真功能。

（9）Document Options 命令：执行该命令可弹出子菜单如图 3-23 所示，可以进行图纸、文档的相关参数设置。

图 3-22　Netlist For Project 子菜单

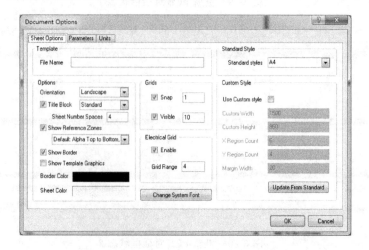

图 3-23　Document Options 对话框

3.2.7　Tools 菜单

Tools 菜单如图 3-24 所示,各项功能如下。

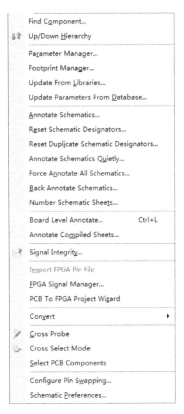

图 3-24　Tools 命令菜单

（1）Find Component 命令：执行该命令可以弹出元件查找对话框,如图 3-25 所示。

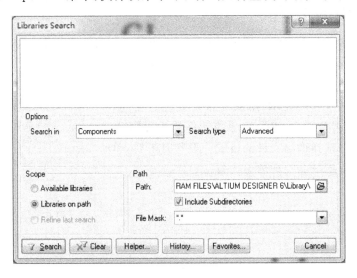

图 3-25　Find Component 对话框

（2）Footprint Manager 命令：对原理图中的元器件的 PCB 封装进行管理。

（3）Signal Integrity 命令：执行该命令可以弹出原理图完整性分析对话框。

（4）Schematic Preferences 命令：执行该命令可以弹出原理图参数设置对话框，如图 3-26 所示。

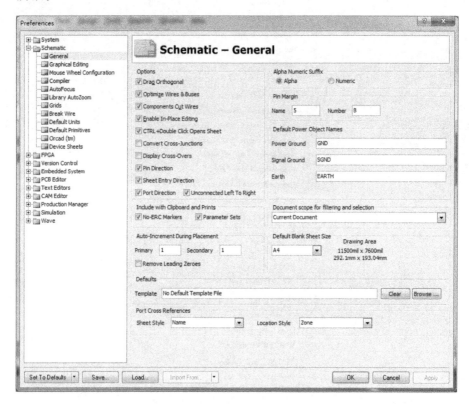

图 3-26　Schematic Preferences 设置对话框

3.2.8　Reports 菜单

Reports 菜单主要生成元件报表，如图 3-27 所示。各项功能如下。

Bill of Materials 命令：设置生成元件报表的格式，如图 3-28 所示。

在该对话框中，可以显示、隐藏或移动元件所在列，对话框左侧区域可以选择需要显示的元件属性。【File Format】菜单可以选择输出文件的格式。设置完毕后，单击 Export... 即可将生成元件报表。

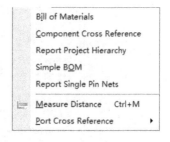

图 3-27　Reports 菜单

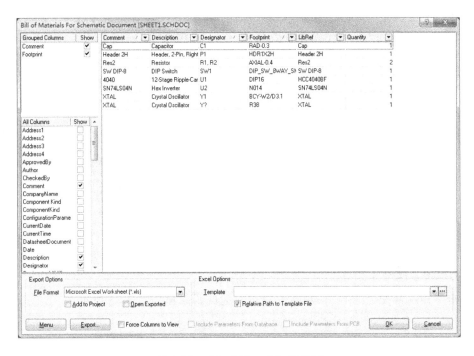

图 3-28　Bill of Materials 对话框

3.3　原理图设计工具栏

Altium Designer 中有原理图标准工具栏、布线工具栏、实用工具栏、混合仿真工具栏，如图 3-29 所示。

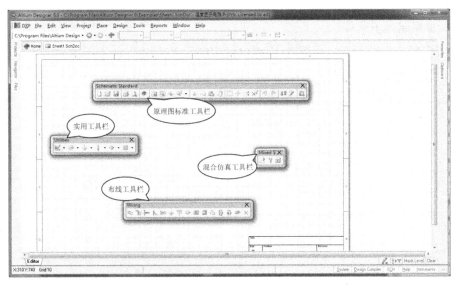

图 3-29　原理图常用工具栏

其中实用工具栏包括多个子菜单,即绘图子菜单、元件位置排列子菜单、电源及接地子菜单、常用元件子菜单,信号仿真源子菜单、网格设置子菜单。实用工具栏如图 3-30 所示。

(1)绘图工具子菜单

单击实用工具栏上的 按钮,会弹出对应的子菜单如图 3-31 所示。

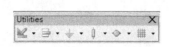

图 3-30 实用工具栏   图 3-31 绘图子菜单

(2)元件位置排列子菜单

单击实用工具栏上的 按钮,会弹出对应的子菜单如图 3-32 所示。

(3)电源及接地子菜单

单击实用工具栏上的 按钮,会弹出对应的子菜单如图 3-33 所示。

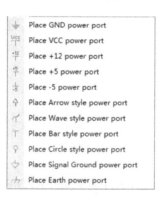

图 3-32 元件位置排列子菜单   图 3-33 电源子菜单

(4)常用元件子菜单

单击实用工具栏上的 按钮,会弹出对应的子菜单如图 3-34 所示。

(5)信号仿真源子菜单

单击实用工具栏上的 按钮,会弹出对应的子菜单如图 3-35 所示。

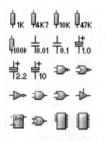

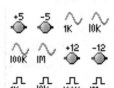

图 3-34 常用元件子菜单   图 3-35 信号仿真源子菜单

3.4　绘图工具栏

Altium Designer 提供了强大的绘图工具,使用绘图工具可以绘制直线、多边形、椭圆、贝塞尔、文字和注释等,主要是起标注的作用,不代表任何电气的含义,不会影响到电路的电气结构。使用时可以通过绘图工具栏直接调用,也可以通过原理图主菜单的【Place】→【Drawing Tools】来调用功能,如图 3-36 所示。

3.4.1　直线

单击绘图工具栏中的画直线按钮 ╱ ,或者在主菜单中选择【Place】→【Drawing Tools】→【Line】命令,如图 3-36 所示。或者使用快捷键【P】+【D】+【L】。

图 3-36　绘图工具子菜单

执行画直线命令,可在原理图中的任意位置,单击确定起始点,在每个拐弯处再单击一次进行确认,按下右键则以最后一次单击左键的位置作为终点位置。

单击【Tab】键或者双击需要设置属性的直线,打开【Polyline】如图 3-37 所示。

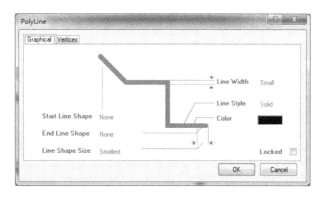

图 3-37　PolyLine 对话框

在【Poly line】消息框中的【Graphical】选项卡中,单击【Color】色彩块,打开【Choose Color】对话框,选择一种颜色作为直线的颜色,单击【OK】按钮,关闭对话框。

【Start Line Shape】和【End Line Shape】有如图 3-38 所示的相同下拉菜单。

单击【Line Width】下拉菜单,如图 3-39 所示。系统提供四种直线宽度的选择,分别为【Smallest】、【Small】、【Medium】、【Large】,默认线宽为【Small】。

单击【Line Style】下拉菜单,如图 3-40 所示。系统提供三种排列风格的选择,分别为【Solid】、【Dashed】和【Dotted】类型。

绘制一个直角坐标实例:如图 3-41 所示。

图 3-38　开始线外形和结束线外形
　　子菜单的 7 种类型选择

图 3-39　Line Width 子菜单　　　图 3-40　三种排列风格

3.4.2　多边形

单击绘图工具栏中的画多边形按钮 ⊠，或者在主菜单中选择【Place】→【Drawing Tools】→【Polygon】命令，或者使用快捷键【P】+【D】+【V】。

执行画多边形命令，可在原理图中的任意位置，单击确定起始点，在每个拐弯处再单击一次进行确认，按下右键则以最后一次单击左键的位置作为终点位置。如图 3-42 所示。

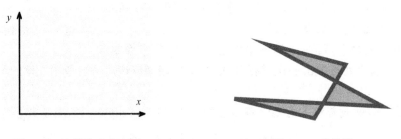

图 3-41　绘制的直角坐标　　　　　　　　图 3-42　多边形

单击【Tab】键或者双击需要设置属性的多边形。打开多边形设置对话框，如图 3-43 所示。

（1）单击【Border Width】选项可以选择多边形边框的宽度。

（2）单击【Border Color】可以选择边框的颜色。

（3）单击【Fill Color】可以选择多边形的填充色。如图 3-44 所示。

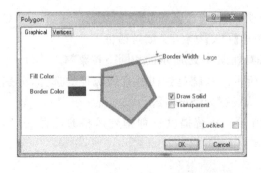

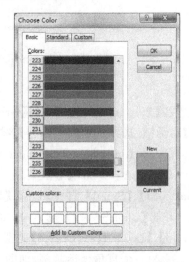

图 3-43　Polygon 对话框　　　　　　　　图 3-44　Choose Color 对话框

3.4.3　椭圆弧

单击绘图工具栏中的画椭圆弧按钮 ，或者在主菜单中选择【Place】→【Drawing Tools】→【Elliptical Arc】命令，或者使用快捷键【P】+【D】+【I】。

执行画椭圆弧命令，可在原理图中的任意位置，单击确定圆心位置。此时鼠标指向圆弧的横轴。单击确认横轴的长度，此时鼠标指向圆弧的纵轴，单击确认纵轴的长度，然后光标指向圆弧的起点，单击确定，最后光标指向圆弧的终点，单击确定。如图 3-45 所示。

单击【Tab】键或者双击需要设置属性的椭圆弧。打开多边形设置对话框，如图 3-46 所示。可在此对话框设置椭圆弧的有关参数，设置方法与直线和多边形类似。

图 3-45　生成的圆弧

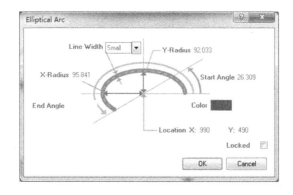

图 3-46　Elliptical Arc 对话框

3.4.4　贝塞尔

单击绘图工具栏中的画贝塞尔曲线按钮 ，或者在主菜单中选择【Place】→【Drawing Tools】→【Bezier】命令，或者使用快捷键【P】+【D】+【B】。

执行画贝塞尔曲线命令，可在原理图中的任意位置，单击确定曲线的起始位置，移动鼠标，确定下一个点，依此类推，完成绘制。如图 3-47 所示。

单击【Tab】键或者双击需要设置属性的贝塞尔曲线。打开参数设置对话框，如图 3-48 所示。可在此对话框设置贝塞尔曲线的有关参数，设置方法与直线和多边形类似。

图 3-47　贝塞尔曲线

3.4.5　文字注释

单击绘图工具栏中的文本字符串按钮 **A**，或者在主菜单中选择【Place】→【Text String】命令，或者使用快捷键【P】+【T】。

执行添加文本字符串命令后，单击【Tab】键或者双击需要修改文字。打开文本字符串属性对话框，如图 3-49 所示。可在此对话框设置文本字符串的有关参数。

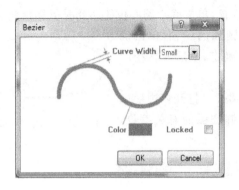

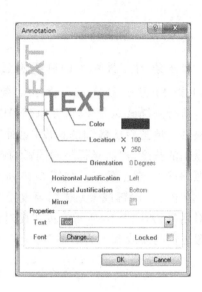

图 3-48　Bezier 对话框　　　　　　　　图 3-49　Annotation 对话框

（1）单击【Text】可以设置字符串的文字内容。

（2）单击【Font】可以设置文字的字体。

（3）单击【Color】可以设置字符串的颜色。

（4）单击【Location】可以设置字符串的方向。

3.4.6　文本框

对于较多的文字，可以添加文本框，文本框中可以放置整段文字。

单击绘图工具栏中的文本框按钮，或者在主菜单中选择【Place】→【Text Frame】命令，或者使用快捷键【P】+【F】。

执行添加文本框命令后，单击【Tab】键或者双击需要修改的文字。打开文本字符串属性对话框，如图 3-50 所示。可在此对话框设置文本字符串的有关参数。

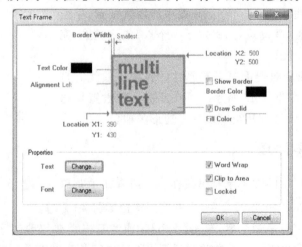

图 3-50　Text Frame 对话框

- 单击【Border Width】选项可以选择文本框边框的宽度。
- 单击【Border Color】可以选择文本框边框的颜色。
- 单击【Text Color】可以选择文本框内文字的颜色。
- 单击【Fill Color】可以选择文本框内背景的颜色。
- 【Text】可以编辑文本框内容。
- 【Font】可以设置字体属性。
- 选中【Show Border】可以显示文本框边框。
- 选中【Draw Solid】可以显示文本框内的填充色。
- 选中【Word Wrap】则当文字超出文本框边界时,程序自动使文字换行显示。
- 选中【Clip to Area】则强迫文本框内四周留下一个间隔区。

3.5　原理图标准工具栏

原理图标准工具栏是一些绘制原理图时常用到的功能。如图 3-51 所示。

图 3-51　原理图标准工具栏

:打开文件菜单的快捷方式。

:打开已建立的文件夹。

:保存文件。

:打印。

:预览。

:将整个电路所放在窗口中,不包含空白部分。

:将指定区域放大到整个窗口。

:剪切。

:复制。

:粘贴。

:后退。

:前进。

:打开元件库。

课 后 习 题

3.1 说明原理图编辑器中的 View 菜单中各命令的功能。

3.2 说明原理图编辑器中的 Edit 菜单中各命令的功能。

3.3 打开 Altium Designer 软件自带的工程项目,在安装目录下的 Example\Reference Designs\LedMatrixDisplay 文件夹中的 LedMatrixDisplay. PrjPcb 工程文件,选择该工程里的任意的原理图文件。

3.4 绘制下列图形

(a) 直线　　　　　(b) 多边形　　　　　(c) 椭圆弧

图 3-52　图形绘制

3.5 放置文字注释

Altium Designer

Exercise1

(a) 横向放置　　　　　(b) 纵向放置

图 3-53　文字放置

第4章

原理图设计进阶

本章主要介绍原理图的系统参数设置,图纸参数的设置,元件库面板的使用,元件库的添加、删除以及元件的查找方法,元件的摆放,元件属性的编辑、修改,布线工具栏的使用方法等。

电路原理图是电路仿真和生成PCB电路板的基础,在整个设计过程中是非常重要的一个环节。电路原理图设计流程如下。

(1)创建PCB项目及原理图文件

Altium Designer中的设计是以项目为单位的,在进行原理图设计前,首先要创建一个PCB设计项目,然后再在新建的PCB项目中添加空白原理图文档,当打开新建的原理图文档时,系统会自动进入原理图编辑界面。设置原理图编辑界面的系统参数和工作环境。

为适应不同用户的操作习惯以及不同的项目的原理图格式需求,Altium Designer允许用户设置原理图编辑界面的工作环境,例如设置网格的大小和类型以及鼠标指针类型等,其中大多数参数都可以用系统默认值,但根据用户个人习惯来适当调整环境设置,将会给设计者带来方便,显著提高设计效率。在进行原理图设计之前,要根据实际电路的复杂程度来设置图纸的大小、规格,良好的图纸格式会使图纸管理工作变得更加轻松。尤其是在一个项目中包含多张原理图的时候。

(2)布置元件并调整元件属性和布局

这一步是原理图设计的关键,用户根据实际电路的需要,选择合适的电子元件,然后载入包含所需元件的集成元件库,从元件库中提取元件放置到原理图的图纸上,同时还须设定零件的标识、封装等属性。对于当前元件库中没有的元件,则可以自行定义、封装。在布置元件时,元件之间的位置要尽量合理,这样能减少原理图布线过程的工作量,提高原理图的可读性。

(3)原理图布线

原理图布线就是利用布线工具栏中的连线工具将图纸上的独立元件用具有电气意义的导线、符号连接起来,构成一个完整的原理图。

(4)检查、仿真、校对及线路调整

当原理图绘制完成以后,用户还需要利用系统所提供的各种工具对项目进行编译,找出原理图中的错误进行修改,如有需要,也可以在绘制好的电路图中添加信号进行软件模拟仿真,检验原理图的功能。

(5)输出报表,保存文件

原理图校对结束后,用户可利用系统提供的各种报表生成服务模块创建各种报表,例如网络列表、元件列表等,为后续的 PCB 板设计做准备。获得报表输出后,保存原理图文档或打印输出原理图,以供设计人员参考、存档。

4.1 设计电路原理图

4.1.1 原理图的参数设置

1. Schematic/general 页面

打开软件,单击主菜单中的【DXP】按钮,选择【Preferences】,点击左侧【Schematic general】选项,或者在原理图图纸界面,右击选择【Options】→【Schematic Preferences】,进入如图 4-1 所示界面。

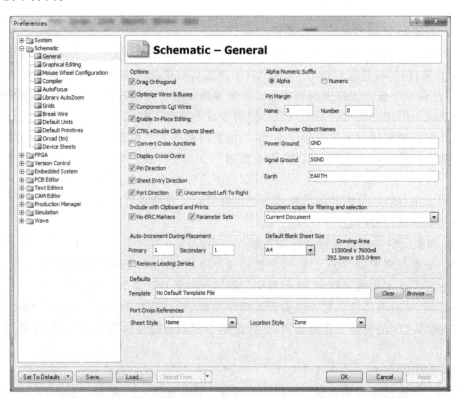

图 4-1 Schematic/general 选项界面

该界面主要用于原理图编辑过程中的通用项的设置,按照选项功能细分,共分为 9 个选项区域,其中各选项的介绍功能如下。

(1) Options 区域

选项区域用来设置原理图绘制过程中导线连接属性,包含 11 个选项。

· 【Drag Orthogonal】:用于设置元件在进行拖动操作时,导线的连接方式。选中该项,在对原理图中的元件进行拖动操作时,系统自动调整元件上的连线保持直角;若未选中该选项,则拖动元件时连线以任意角度移动,一般默认勾选。

- 【Optimize Wires & Buses】:用于优化导线和总线。选中该项,在进行导线和总显得总线的连接时,系统会自动选择最优路径,避免各种电气连线和非电气连线的相互重叠,自动删掉多余的或重复的连线,一般默认勾选。

- 【Components Cut Wires】:只有在【Optimize Wires & Buses】复选项已被选中的情况下才被激活。在选中此选项后,元件具有自动切割导线的功能,即放置元件时,元件的两个引脚同时连接到一根连续导线上,则该元件会将导线切割成两段,两段导线分别与元件的两个引脚相连接。如果未选中该复选项,系统不会自动切除导线夹在元件引脚中间的部分。如图 4-2 所示,将一个电阻符号移动到一条导线上时,在选中【Components Cut Wires】选项前后的结果对比。

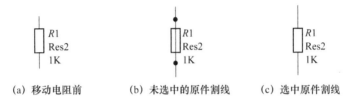

(a) 移动电阻前　　　　(b) 未选中的原件割线　　　　(c) 选中原件割线

图 4-2　选中【Components Cut Wires】选项前后的区别

- 【Enable In-Place Editing】:用于设置是否允许在原理图中直接编辑文本,选中该项后,用户可以对原理图中的文本直接进行编辑,修改文本内容。一般默认勾选。

- 【Ctrl + Double Click Opens Sheet】:用于设置在层次化的设计中打开文档的方式。选中该复选项后,通过 Ctrl 键和双击原理图中的方块电路即可打开对应的模块原理图图纸。

- 【Convert Cross-Junctions】:用于设置是否允许转换交叉节点。选中该项后,向 T 型连接的三根导线交叉处再添加一根导线时,系统自动将四根导线的连接形式转换为两根三线的连接。不选此项,则四根导线将被视为两个电气上不连接的导线。一般默认不勾选。

- 【Display Cross-Overs】:用于设置是否显示跨越线。选中该项后,系统会采用横跨符号表示交叉而不导通的连线。如图 4-3 所示为两条交叉而不导通的导线的不同表示图。

(a) 未选中【Display Cross - Overs】　　　(b) 选中【Display Cross - Overs】

图 4-3　选中【Display Cross-Overs】复选项前后的区别

- 【Pin Direction】:用于显示引脚上的信号流向。选中该项后,原理图中定义了信号流向的引脚将会通过三角箭头的方式显示该引脚的输入、输出特性。一般默认勾选。

- 【Sheet Entry Direction】:用于在层次原理图的设计中,设置是否显示方块电路连接端口的信号流向,选中该选项后,端口的类型由其输入、输出特性决定。一般默认勾选。

- 【Port Direction】:用于显示端口的入口方向,选中该选项后,端口类型由其输入、输出特性决定。这样能避免原理图中信号流向矛盾的错误出现。一般默认勾选。

- 【Unconnected Left To Right】:用于设置未连接的端口的方向设置,该选项只有在

【Port Direction】复选项选中后才有效,选中该复选项后,系统将自动把未连接的端口方向设置为从左指向右。一般默认勾选。

（2）Include with Clipboard and prints 区域

该区域主要用来设置在进行复制、剪切或打印操作时,是否将以下内容一同复制或打印。具体功能如下。

• 【No-ERC Markers】:用于设置使用剪切板进行拷贝操作或打印时是否包含 No-ERC 标记×。选中该选项后,用户使用剪切板进行复制操作或打印时,将包含所选对象的 No-ERC 标记;若未选中此项,复制或打印的操作,将不包含 No-ERC 标记。

• 【Parameter Sets】:用于设置使用剪切板进行拷贝操作或打印时是否包含对象的参数设置。选中该复选项后,用户使用剪切板进行复制操作或打印时,对象的参数设置将随着对象被复制或打印;若未选中此项,复制或打印对象时,将不包括对象的参数。

（3）Auto-Increment During Placement 区域

Auto-Increment During Placement 区域,如图 4-4 所示,用来设置元件及引脚号自动标识过程中的序号递增量。

• 【Primary】:用于设置在原理图上连续放置某一元件时,元件序号的自动增量数。默认为【1】,即用户在连续放置同一种元件,例如电容时,如果设置第一个电容的标号是【C1】,则系统会自动接下来放置的电容标上【C2】、【C3】…的元件标号。

• 【Secondary】:用于绘制原理图元件时,引脚编号的自动增量数,默认为【1】。

（4）Alpha Numeric Suffix 区域

Alpha Numeric Suffix 区域主要用来设置多子元件的扩展名类型,如图 4-5 所示。所谓多子元件是指一个元件内集成多个功能单元,例如运放 LM358 就集成了两个独立的运算放大器单元,是一个两单元运放器件,或者一些大规模芯片,由于引脚众多,通常也将其引脚分类,用多个单元来表示,以降低原理图的复杂程度。绘制电路原理图时,常常将这些芯片内部的独立单元分开使用,为便于区别各单元,通常用【元件标识号＋后缀】的形式来标注其中某个部分。

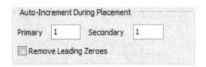

图 4-4　Auto-Increment During Placement 区域　　　图 4-5　Alpha Numeric Suffix 区域

具体功能如下:

• 【Alpha】:用于设置英文字母组为各单元的后缀。一般默认勾选。

• 【Numeric】:用于设置采用数字作为各单元的后缀。

（5）Pin Margin 区域

Pin Margin 区域用于设置元件符号标注的引脚名称、引脚号与元件符号边缘之间的距离尺寸。该区域包含两个编辑框,如图 4-6 所示。

具体功能如下:

• 【Name】:用于设置元件的引脚名称与元件符号边缘的间距,系统默认该间距为

5 mil。

- 【Number】：用于设置元件的引脚编号与元件符号边缘的间距，系统默认该间距为8 mil。

（6）Default Power Object Names 区域

Default Power Object Names 区域，如图 4-7 所示，用于设置不同类型电源端子的默认网络名称。若该区域块输入框为空，则原理图中电源的网络标签为空，用户需要手工在电源属性对话框内设定。

图 4-6　Pin Margin 区域　　　　　　　图 4-7　Default Power Object Names 区域

- 【Power Ground】：用于设置电源地的默认网络名称，系统默认值为【GND】。
- 【Signal Ground】：用于设置信号地的默认网络名称，系统默认值为【SGND】。
- 【Earth】：用于设置接地标志的默认网络名称，系统默认值为【EARTH】。

（7）Document scope for filtering and selection 区域

Document scope for filtering and selection 区域，如图 4-8 所示，用于设置过滤器和执行选择功能的默认文件范围。该区域中的下拉列表共有两个选项：【Current Document】项表示只在当前文档范围内进行操作，【Open Documents】项表示在所有已打开的文档范围内进行操作。

（8）Default Blank Sheet Size 区域

Default Blank Sheet Size 区域如图 4-9 所示，该区域内的下拉列表用来设置默认空白文档的尺寸大小，默认为【A4】，用户可在下拉列表中选择其他的标准尺寸。

图 4-8　Document scope for filtering and selection 区域　　　图 4-9　默认块方块电路尺寸

（9）Defaults 区域

Defaults 区域如图 4-10 所示，用于设定默认的模板文件。

图 4-10　Defaults 区域

用户可在【Template】编辑框内输入原理图模版文件的路径，或单击【Browse】按钮，打开如图 4-11 所示对话框，选择模版文件。设定完成后，新建的原理图文件将自动套用设定的文件模板。该选项的默认值为【No Default Template File】，表示没有设定默认模板文件。

如果需要取消默认模板文档,可单击【Clear】按钮,使编辑框内的值变为【No Default Template File】即可。

图 4-11　模板窗口

2. Schematic/Graphical Editing 页面

Schematic/Graphical Editing 页面如图 4-12 所示,该页面用来设置与图形编辑有关的参数,图中共有三个选项区域,其中选项的功能介绍如下。

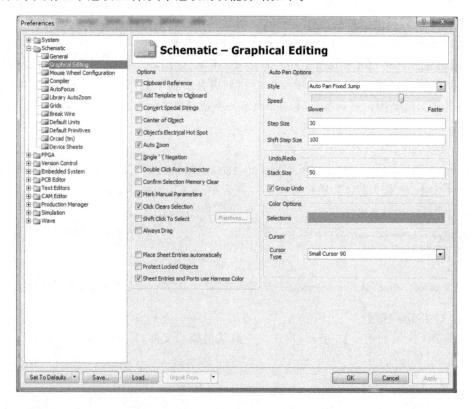

图 4-12　Schematic/Graphical Editing 页面

(1) Options 区域

• 【Clipboard Reference】:选项选中时,在执行复制或剪切操作时,系统会要求通过鼠标确定一个参考点。

• 【Add Template to Clipboard】:选项选中时,在执行复制或剪切操作时,将图纸的模板文件信息一同添加的剪贴板上,一般默认不勾选。

• 【Convert Special Strings】:设置是否转换特殊字符串,选中该项时,当原理图中放置特殊字符串时,会转换成相应的内容显示在原理图中。

• 【Center of Object】:选项选中时,当移动或拖动对象时,光标会跳到对象的参考点或中心。

• 【Object's Electrical Hot Spot】:选项选中时,当移动或拖动对象时,光标会跳到距离鼠标单击位置最近的电气点上移动对象。当该选项选中时,【Center of Object】的选择不起作用。

• 【Auto Zoom】:设置插入组件时,原理图是否可以自动调整显示比例,以适合显示该组件。

• 【Single '\' Negation】:选项选中时,在输入网络名称时,只要在第一个字符前加上'\',就可以在该网络名称上全部加上横线。

• 【Double Click Runs Inspector】:选项选中时,用鼠标双击原理图某个对象时,弹出的不是该对象的属性对话框,而是 SCH Inspector 对话框。

• 【Confirm Selection Memory Clear】:选项选中时,在清除所选内容所占内存时,系统会弹出确认对话框。否则不会。

• 【Mark Manual Parameters】:选项用来显示辅助参数。一般默认勾选。

• 【Click Clears Selection】:选项选中时,鼠标单击图纸任意位置时,取消对象的选中状态。一般默认勾选。

(2) Auto Pan Options 选项

该区域用于自动摇景功能。摇景在光标呈十字形并处于窗口边缘时自动产生,等同于屏幕滚动。

• 【Style】:设置自动摇景类型,共有 3 种选择:Auto Pan Off(关闭自动摇景功能),Auto Pan Fixed Jump(摇景时光标始终保留在窗口的边沿处)及 Auto Pan ReCenter(摇景时光标随即跳到窗口的中央)。

• 【Speed】:设置自动摇景的速度。

• 【Step Size】:设置摇景步长。

• 【Shift Step Size】:设置摇景时按下 Shift 键后的摇景步长。

(3) Undo/Redo 选项

【Stack Size】:设置撤销与恢复操作的次数。

3. Schematic/grids 页面

Schematic/grids 页面如图 4-13 所示,图中共有三个选项区域,其中选项的功能介绍如下。

(1) Grid Options 区域

Grid Options 区域用于设置工作区显示的网格背景【Visible Grid】的属性,包括网格显示的类型和网格的颜色。

• 【Visible Grid】:下拉列表用于设置工作区显示的网格背景【Visible Grid】的类型,Altium Designer 提供两种网格类型,分别是【Line Grid】和【Dot Grid】。【Line Grid】由纵横交叉的直线组成,【Dot Grid】由等间距排列的点阵组成。

• 【Grid Color】:用于设置网格的颜色,单击【Grid Color】颜色条,打开【Choose Color】对话框,选择需要显示的网格的颜色,建议网格的颜色不要设置得过于深,以免影响原理图的绘制上图。

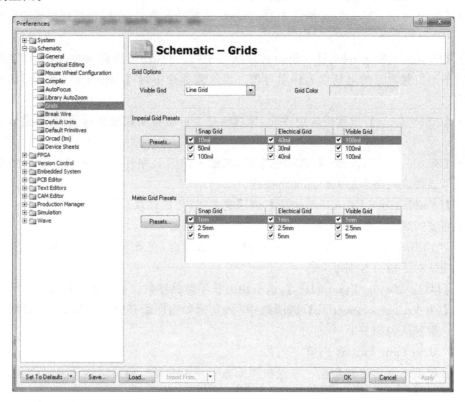

图 4-13　Schematic/grids 页面

(2) Imperial Grid Presets 区域

Imperial Grid Presets 区域用于设置当系统采用英制长度单位时,三种网格的预置尺寸。单击该区域左侧的【Presets】按钮,选择网格的预置参数项。

(3) Metric Grid Presets 区域

Metric Grid Presets 区域用于设置当系统采用公制长度单位时,三种网格的预置尺寸。单击该区域左侧的【Presets】按钮,选择网格的预置参数项。

4.1.2　图纸设置

在原理图界面执行菜单命令【Design】→【Document Options】或者右击选择【Options】→【Document Options】,弹出 Document Options 对话框,如图 4-14 所示。

(1) Options 区域

• 【Orientation】:选项的下拉列表有两个选项,分别为"Landscape"图纸水平横向设置和"Portrait"图纸垂直纵向设置。一般默认为 Landscape。

• 【Title Block】:选项选中时,设置原理图图纸标题栏,Altium Designer 提供的标题栏有标准型【Standard】和美国国家标准协会【ANSI】两种模式。如图 4-15 所示。系统默认为【Standard】格式。若未选中该复选项,则不显示标题栏。

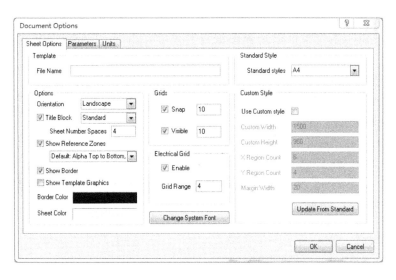

图 4-14 Document Options 对话框

【Standard 】格式标题栏

【ANSI】格式标题栏

图 4-15 两种标题栏

- 【Show Reference Zones】：选项选中时，可以设置显示参考图纸边框。
- 【Show Border】：选项选中时，可以设置显示图纸边框。
- 【Show Template Graphics】：选项选中时，可以设置显示图纸模板图形。
- 【Border Color】：可以设置图纸边框的颜色。
- 【Sheet Color】：可以设置图纸的颜色。系统默认为浅黄色。
（2）Grids 区域
- 【Snap】：栅格，此项设置将影响放置原理图中对象的最小步长，系统默认单位为 mil，即 1/1000 英寸。使用中根据实际需要进行修改即可。
- 【Visible】：可视栅格。设置图纸上实际显示的栅格距离，系统默认单位为 mil。
（3）Electrical Grid 区域
- 【Enable】：该项选中后，系统在绘制导线时以【栅格范围】中所设置值为半径、以鼠标箭头为圆心、向周围搜索电气节点。如果找到电气节点后，光标就会自动移到该节点上。

（4）Standard Style 区域

【Standard Style】：选项可以选择图纸设计尺寸，Altium Designer 提供的标准图纸分别为：

- 公制：A0、A1、A2、A3、A4。
- 英制：A、B、C、D、E。
- Orcad 图纸：Orcad A、Orcad B、Orcad C、Orcad D、Orcad E。
- 其他：Letter、Legal 和 Tabloid。

（5）Custom Style 区域

【Use Custom Style】：该项选中后，可以自定义图纸的宽、高、水平方向和垂直方向参考边框划分的等分个数、边框宽度。

4.2　元件库使用

生成原理图纸后，接下来就应该学会元件的操作了，首先应掌握加载元件库和寻找元件的方法。

4.2.1　加载元件库

为了节约系统资源，该软件在启动时并没有加载所有电子元件库，大多数情况下，用户需手动加载相应的集成元件库，然后在元件库中选择所需要的元件，添加到原理图中。加载原理图方法如下。

1. 直接加载元件库法

以加载 AD Amplifier Buffer. IntLib 库文件为实例，介绍直接加载元件库的方法。

（1）打开一个应建立好的工程文件以及原理图文件。

（2）执行菜单命令【Design】→【Browse Library】或者单击主窗口右侧【Libraries】工作面板标签，打开如图 4-16 所示的 Libraries 工作面板，在该工作面板中可以装载、删除元件库，查找元件，放置元件等操作。

单击库工作面板中的 Libraries... 按钮，弹出的 Available Libraries 对话框，如图 4-17 所示。该对话框中显示的是默认存在的元件库。通过此对话框可以添加和删除元件库。

在系统第一次启动时将自动加载两个通用集成元件库【Miscellaneous Devices. Intlib】和【Miscellaneous Connector. Intlib】，这两个元件库包含了最常用的分立元件和接头元件。在 Available Libraries 对话框内的【Installed Libraries】选项页中列出了当前加载的所有元件库的名称、元件库的路径和类型，由于没有加载其他元件库，所以列表中仅列出了默认加载的两个元件库。

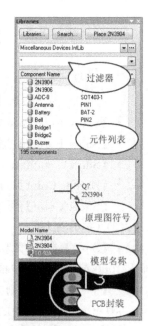

图 4-16　Libraries 工作面板

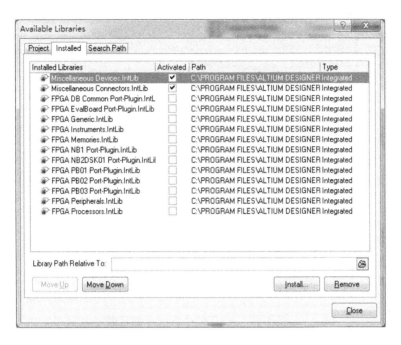

图 4-17　Available Libraries 对话框

（3）单击【Install】按钮，打开如图 4-18 所示的【打开】对话框。

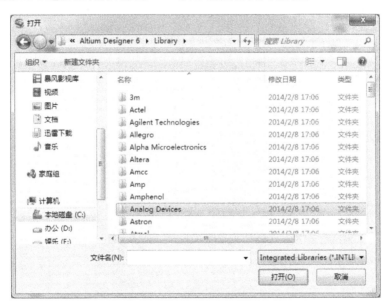

图 4-18　打开对话框

在打开对话框中选择需添加的元件库文件，本例中选择 Altium Designer6\Library\Analog Devices 目录下的 AD Amplifier Buffer. IntLib 文件，单击【打开】按钮，将该元件库添加到 Available Libraries 对话框的列表中。

加载新元件库后，可用库对话框内的【Installed Libraries】选项页中增加了新的元件库的信息，如图 4-19 所示。

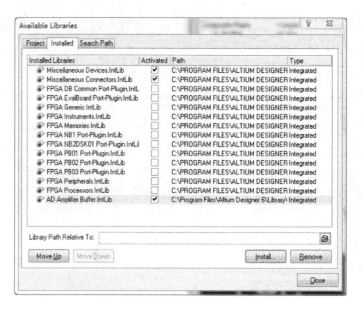

图 4-19　Available Libraries 对话框

　　（4）单击 Available Libraries 对话框中的【Close】按钮，即完成元件库的加载。加载元件库后，Libraries 工作面板将自动列出最新加载的元件库中的元件列表，如图 4-20 所示。如果想要卸载元件库，只需要在如图 4-19 所示的对话框中，选择想要卸载的元件库，然后单击【Remove】按钮即可。

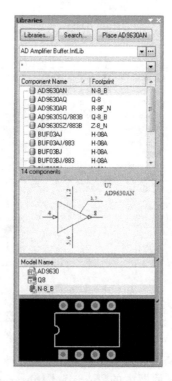

图 4-20　加载库文件之后的库工作面板

2. 搜索加载元件库

以搜索器件 LM555CJ 为例,在系统默认加载的器件库中并没有该元件,使用搜索加载元件库方法。

具体操作步骤如下:

(1) 单击工作区右侧的【Libraries】标签,打开 Libraries 工作面板。

(2) 单击 Libraries 面板中的【Search】按钮,打开如图 4-21 所示的 Libraries Search 对话窗口。

(3) 搜索时可以输入元件的全称,也可以输入元件的核心型号如 555,例如在 Libraries Search 对话框中的上方编辑框内输入 555,在范围区域中选择【Libraries on path】选项,在路径区域中的【path】编辑框输入系统的元件库目录的安装路径,单击【Search】按钮,开始搜索。路径输入时一定要正确,否则可能搜不到想要的元件。

(4) 搜索完毕后,Libraries 面板中将显示所有与 555 相关的搜索结果,如图 4-22 所示。

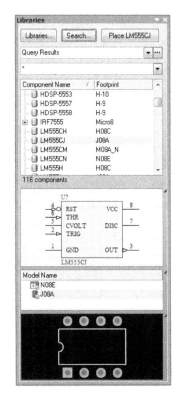

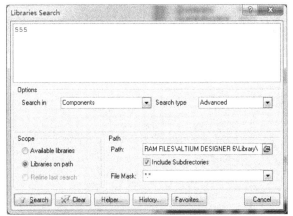

图 4-21　Libraries Search 对话框　　　图 4-22　搜索 555 后的 Libraries 工作面板

(5) 在 Libraries 工作面板的显示搜索结果中选择原理图所需要的元件和 LM555CJ 的器件,双击该器件的名称或者单击右上角的  按钮,弹出如图 4-23 所示 Confirm 消息框,提示用户,包含 LM555CJ 器件的元件库【NSC Analog Timer Circuit. Int Lib】尚未被加载,并询问是否马上加载。

(6) 单击 Confirm 消息框中的【Yes】按钮,直接加载该元件库完毕,元件即可放置。

4.2.2 放置元件

当元件库加载完毕后，用户就可以从元件库中选择元件，添加到原理图中去。放置元件的方法也很多，下面就介绍几种。

1. 元件的放置方法 1

（1）在主菜单中选择【Place】→【Part】命令，或单击添加元件按钮 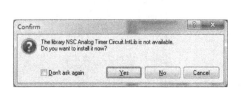，打开如图 4-24 所示 Place Part 对话框。Place Part 对话框中将默认显示最近一次添加的元件。

图 4-23 Confirm 消息框　　　　　　　图 4-24 Place Part 对话框

（2）在 Place Part 对话框中的【Part Details】选项区域内选择【History】项，显示已经添加过的元件。单击【Part Details】选项区域内的【...】浏览按钮，打开如图 4-25 所示的 Browse Libraries 对话框。

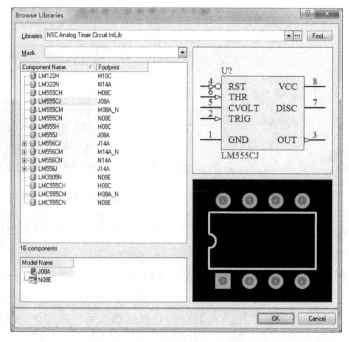

图 4-25 Browse Libraries 对话框

（3）单击 Browse Libraries 对话框中的【Libraries】下拉列表，在弹出的列表中选择【AD Amplifier Buffer. Intlib】。在元件列表中选择需要添加的元件名称【AD9630AN】，然后单击 Browse Libraries 对话框右下角的浅黄色区域，该区域将显示所选元件的 PCB 图，如图 4-26 所示。

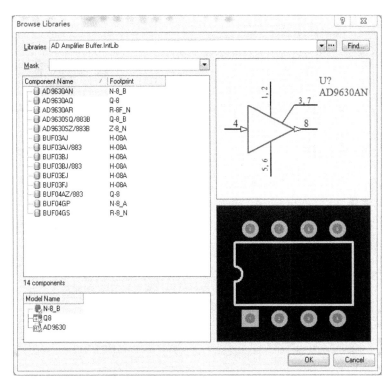

图 4-26　Browse Libraries 对话框

（4）单击 Browse Libraries 对话框【OK】按钮，关闭该对话框，然后单击 Place Part 对话框中的【OK】按钮。此时鼠标指针将变成设置的十字形，并且鼠标指针上还吸附一个选中的元件符号，如图 4-27 所示。

（5）移动鼠标指针至原理图中的合适位置，单击鼠标即可在鼠标指针所在位置添加一个所选元件。添加了一个元件后，鼠标指针上吸附的元件标志并不会消失，用户可以继续在其他的地方添加该元件。

（6）重复步骤（5）在原理图其他地方添加元件，所有元件添加完毕后，单击鼠标右键，或键盘【Esc】键，重新打开 Place Part 对话框，选择布置其他元件，或单击 Place Part 对话框中的【Cancel】按钮，结束本次元件添加操作。

2. 元件的放置方法 2

（1）打开如图 4-17 所示的库工作面板，选择要放置的元件，然后单击【Place】即可放置。

（2）其他步骤同第一种方法。

3. 元件的放置方法 3

单击实用工具栏上的按钮 ，可以打开常用元件工具栏，如图 4-28 所示。对于一些常用元件，如电阻电容等，可以直接从该工具栏中选取即可。常用元件工具栏的元件不需要加载元件库,可直接放置,然后编辑元件的属性修改参数即可。

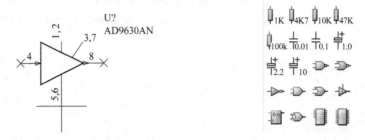

图 4-27　鼠标指针及其吸附的元件符号　　　图 4-28　常用元件工具栏

4.2.3　编辑元件

放置好元件后,还要对元件的属性进行编辑,例如元件标号、注释和元件参数等。

1. 编辑元件属性

双击需要编辑属性的元件或者在准备放置元件的时候单击键盘的【Tab】键,就会打开如图 4-29 所示的 Component Properties 对话框。

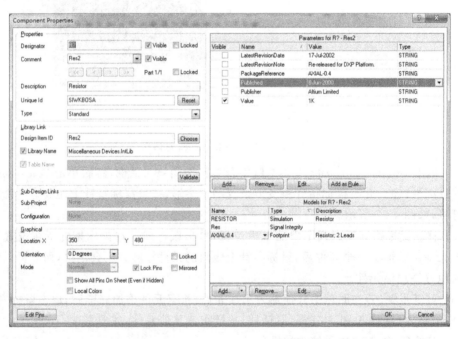

图 4-29　Component Properties 对话框

（1）【Designator】:设置元件标号,即元件在原理图中的流水号,右侧的【Visible】选项选中后,该标号在原理图中可见,一般默认勾选。

（2）【Comment】:设置元件注释,用于补充说明元件的信息。右侧的【Visible】选项选中后,该标号在原理图中可见,一般默认勾选。

（3）对于有多个子元件构成的元件,如 SN74LS00N 具有 4 个子元件,一般在编号后面加上 A、B、C、D 来表示,此时可以通过 ⟨⟨ ⟨ ⟩ ⟩⟩ 来选择。

（4）【Description】：用于对元件属性进行描述。

（5）【Unique ID】：表示该元件在审计文档中的 ID，具有唯一性。

（6）【Type】：选择元件类型。一般默认选择 Standard。

（7）【Library Name】：显示该元件所属元件库名。

（8）【Location】：显示该元件在原理图中的横、纵坐标。

（9）【Orientation】：表示元件的旋转角度。

（10）【Mirrored】：设置元件在原理图中是否镜像翻转。

（11）【Show All Pins On Sheet(Even if Hidden)】：设置是否在原理图中显示元件的所有引脚，包括隐藏的引脚，选中表示显示。

（12）【Lock Pins】：设置是否锁定引脚。一般默认选中。

（13）【Parameters List】：元件参数列表，用户也可自行添加或修改。如图 4-30 所示。

图 4-30　元件属性列表

（14）【Models List】：元件的模型列表，包括与元件相关的封装类型、三维模块和仿真模型等，用户也可自行添加新的模型。如图 4-31 所示。

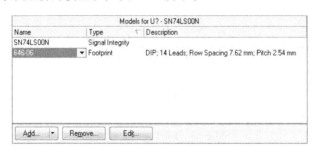

图 4-31　元件模型列表

2. 设置元件的封装模型

在绘制原理图时，每个元件都应该具有封装模型，当进行电路仿真时，需要有仿真模型。当生成 PCB 时，如果要进行完整性分析，还需要有信号完整性模型。

在绘制原理图时，可以给元件直接添加这些模型。下面以添加封装模型为例来说明如何添加模型。

（1）单击图 4-31 中的【ADD】按钮，弹出 Add New Model 对话框，如图 4-32 所示。在该对话框的下拉菜单中具有四个选项，分别是 Footprint（元件封装模型）、Simulation（电路仿真模型）、PCB3D（3D 模型）及 Signal Integrity（信号完整性分析模型）。在这里选择 Footprint 模型。

图 4-32　Add New Model 对话框

（2）单击【OK】按钮，弹出如图 4-33 所示对话框。在该对话框中可以设置 PCB 封装模型的属性，在 Name 编辑框中输入封装名称，Description 编辑框中输入封装的描述。

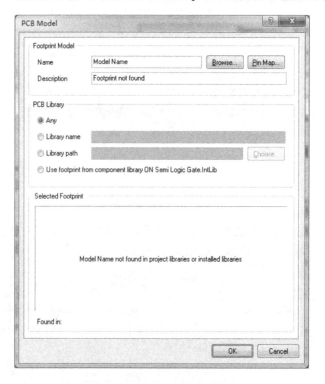

图 4-33　PCB Model 对话框

（3）单击 Browse... 按钮，弹出 Browse Libraries 对话框，如图 4-34 所示。在该对话框中选择合适的封装类型，然后单击【OK】按钮，添加完成，如图 4-35 所示。如果当前库中没有所需要的模型，则可以单击 ··· 来装载元件库或单击 Find... 来查找。

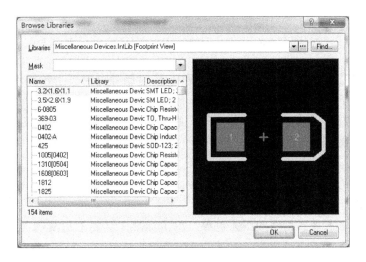

图 4-34 Browse Libraries 对话框

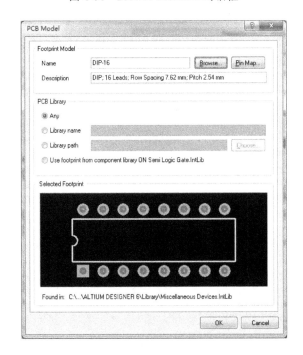

图 4-35 添加模型后的效果

4.3 原理图的绘制

4.3.1 元件的复制、剪切、粘贴和删除

在原理图的绘制过程中,会大量用到复制、剪切、粘贴和删除等几个功能,能够帮助我们

简化操作,节省时间。

下面就介绍一下操作过程。

(1)剪切

剪切就是将选取的对象直接移入剪贴板中,同时删除电路图上的被选取对象。剪切图元对象的步骤如下:

先在工作区选取需要剪切的图元对象。单击标准工具栏上的剪切工具按钮,或者在主菜单中选择【Edit】→【Cut】命令,或按【Ctrl】+【X】快捷键,启动剪切命令。

(2)复制

复制就是将选取的对象复制到剪贴板中,同时还保留原理图上选取的被复制图元对象。复制图元对象的步骤如下:

先在工作区选取需要复制的图元对象。单击标准工具栏上的复制工具按钮,或者在主菜单中选择【Edit】→【Copy】命令,或按【Ctrl】+【C】快捷键,启动复制命令。此时,选中的图元对象将被添加到剪贴板中,用户可单击工作区域右侧的【Clipboard】页面标签,打开 Clipboard 面板,检查剪贴内容。如图 4-36 所示。

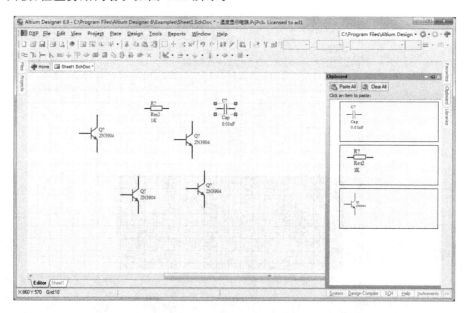

图 4-36　Clipboard 页面

(3)粘贴

粘贴图元对象就是将剪贴板上的内容复制后插入当前文档中。只有在剪贴板中有内容的情况下,粘贴操作才可进行。Altium Designer 提供的剪贴板能容纳 24 块剪贴内容。粘贴最新复制的图元对象的步骤如下:

在主菜单中选择【Edit】→【Paste】命令,或者单击标准工具栏上的粘贴图标,或使用快捷键【Ctrl】+【V】。启动粘贴命令后,鼠标指针变成【十】字形,且鼠标指针上悬浮着剪贴板中最新的图元对象。将鼠标指针移到合适的位置,单击鼠标,即可在该处布置粘贴的图元对象。执行粘贴操作时,与布置新的图元方法一样,可以单击空格键旋转鼠标指针上所粘附的对象,单击【X】键可以左右翻转图元对象,单击【Y】键可以上下翻转图元对象。

如果用户需要粘贴剪贴板中的其他图元对象时,操作步骤如下:

单击工作界面右侧的 Clipboard 页面标签,打开如图 4-36 所示的 Clipboard 页面。在 Clipboard 页面中单击需要粘贴的内容块,将移动鼠标到工作区域,此时鼠标指针变成【十】字形,上面悬浮着剪贴板中所选中的图元对象。将鼠标指针移到合适的位置,单击鼠标,即可在该处布置粘贴的图元对象。

除了可以在图纸上粘贴原理图的图元对象之外,AltiumDesigner 利用 Smart Paste 命令可以将其他 Windows 程序的图像、文字内容粘贴到原理图中,要实现该功能。

下面将通过一个将 Word 文件中的图形文字粘贴到原理图文件中的例子,介绍 Smart Paste 命令的使用方法。

启动 Word 软件,打开包含需要复制的内容的文件,选择需要复制的内容,在 Word 软件的主菜单中选择【编辑】→【Paste】命令,或者单击标准工具栏上的粘贴图标,或使用快捷键【Ctrl】+【V】,将该内容复制到 Windows 的通用剪贴板中。

例如,在 Word 中选择一组对象,复制如图 4-37 所示。

图 4-37 复制的图片和文字

在菜单中执行【Edit】→【Smart Paste】命令,或按快捷键【Shift】+【Ctrl】+【V】,打开如图 4-38 所示的 Smart Paste 对话框。

在 Smart Paste 对话框中的 Choose the Object Type 选项区域内,取消【Schematic Object Type】列表中的【Parts】选项,勾选【Windows Clipboard Contents】列表中的【Pictures】项,单击【OK】按钮。此时鼠标指针变成“十”字形,上面悬浮着从 Word 中复制的图形和文字。将鼠标指针移到合适的位置,单击鼠标,即可在该处布置粘贴的图元对象。粘贴图形后的原理图如图 4-39 所示。

使用【智能粘贴】命令,用户还能将网页、PDF 资料等其他程序中的图片文字内容粘贴到原理图文件中。

(4)删除

删除就是将选取的对象删除。删除图元对象的步骤如下:

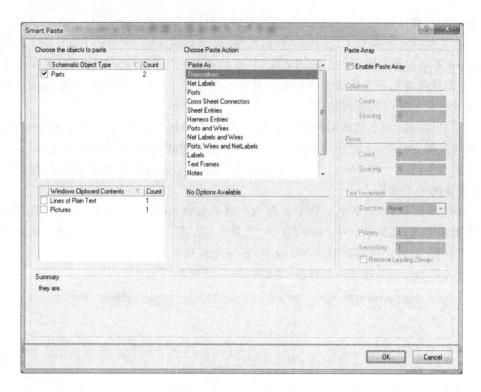

图 4.38 Smart Paste 对话框

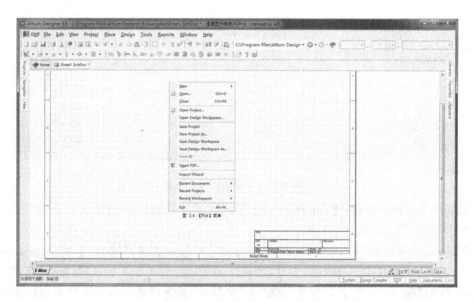

图 4-39 粘贴图形后的原理图

先在工作区选取需要删除的图元对象。单击键盘上的【Delete】按钮,或者在主菜单中选择【Edit】→【Clear】命令即可。

4.3.2 元件的移动、排列和对齐

在绘制原理图过程中,放置好元件后,还要将元件放置整齐、合适后再进行连接导线的

功能,减少后期的工作量。

1. 元件的移动

元件移动非常简单,只需要单击选中元件,按住左键,拖动鼠标即可移动元件。如果一次移动多个元件,可以用圈选的方法选中后移动即可。

Edit 主菜单中的 Move 子菜单中如图 4-40 所示。

(1) Drag 命令:拖动,用此命令移动元件时,先执行命令,再选取图元对象移动。使用该命令时,如果被拖动的图元对象为元件,则元件上的所有连线也会跟着移动,不会断线。如果被拖动的对象为导线,则导线的两个端点的连接状态将保持不变。系统会自动调节图元对象的连接导线的长度和形状。

在移动对象的过程中,使用以下快捷键可以调整图元对象的位置和方向,或者此时按 F1 可弹出如图 4-41 所示的快捷方式对话框。

- 【Ctrl】+【Space】:快捷键可逆时针旋转图元对象的方向。
- 【Shift】+【Ctrl】+【Space】:快捷键可顺时针旋转图元对象的方向。
- 【Space】:键可切换导线两端的连接模式。
- 【X】:键可以沿 X 轴方向,即水平方向翻转图元对象。
- 【Y】:键可以沿 Y 轴方向,即垂直方向反转图元对象。

图 4-40　Move 子菜单

图 4-41　Drag 命令快捷键对话框

需要注意的是,移动过程中应尽量避免出现如图 4-42 所示的因为导线自动调整不当,而错误地将其他引脚短接的现象。

(2) Move 命令:该命令的功能是仅仅移动图元对象,不保持图元对象的电气连接状态,该命令的使用方法与 Drag 命令相同。不同的是,在移动对象过程中,部分快捷键将发生变化,如图 4-43 所示。

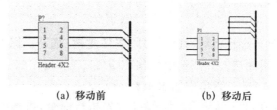

(a) 移动前　　　　　　　　　(b) 移动后

图 4-42　导线自动调整不当的情况

- 【Space】：可逆时针旋转图元对象。
- 【Shift】+【Space】：可顺时针旋转图元对象。
- 【Tab】：可打开图元对象的属性编辑框，修改图元对象属性。

图 4-43　Move 命令快捷键对话框

（3）Move Selection 命令：该命令用于移动已选择的图元对象，使用该命令可以一次同步移动多个图元对象，功能与 Move 相似，该命令的使用步骤介绍如下：

- 按照之前介绍的方法，选择所有需要移动的图元对象。
- 在主菜单种选择【Edit】→【Move】→【Move Seletion】命令，启动该命令后，鼠标指针变为"十"字形。
- 移动鼠标指针在原理图上选择一个参考点，然后单击鼠标左键，使被选对象吸附在鼠标指针上。
- 移动鼠标指针到目标位置，单击鼠标左键，将对象重新布置到原理图上。

（4）Drag Selection 命令：该命令用于拖动已选中的图元对象，在拖动过程中保持选中图元对象的电气连接状态,使用该命令可以一次拖动多个被选图元对象。功能与 Drag 相似。

（5）Move to Front 命令:该命令用于移动图元对象,并将其放置到所有对象上方。当多个非电气对象重叠在一起时,使用该命令可以重新安排图元对象的叠放顺序。如果要将文字对象移动到矩形对象的上方,操作步骤如下:

• 选择【Edit】→【Move】→【Move to Front】命令,启动该命令后,鼠标指针变为"十"字形。

• 移动鼠标指针到文字对象的上方,单击鼠标左键,文字对象自动移到所有其他图元对象的上方,并被吸附到鼠标指针上。

• 移动鼠标指针到合适位置,单击鼠标左键,将文字对象放置到矩形对象的上方,右击鼠标或按键盘【Esc】键,结束操作。如图 4-44 所示。

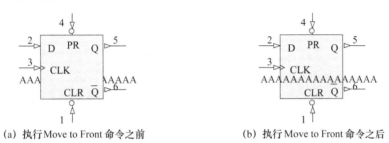

(a) 执行 Move to Front 命令之前　　　　　(b) 执行 Move to Front 命令之后

图 4-44　Move to Front 命令的效果

（6）Rotate Selection 命令:该命令用于逆时针旋转选择的图元对象,可以一次旋转多个图元对象,操作步骤如下:

• 选择所有需要移动的图元对象。

• 在主菜单种选择【Edit】→【Movie】→【Rotate Selection】命令或者单击【Space】快捷键,选择的图元对象将整体逆时针旋转 90°,如图 4-45 所示旋转效果。

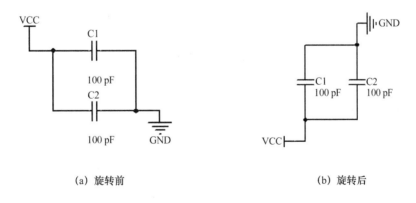

(a) 旋转前　　　　　　　　　　　(b) 旋转后

图 4-45　Rotate Selection 命令的效果

（7）Rotate Selection Clockwise 命令:该命令用于顺时针旋转选择的图元对象。其他同 Rotate Selection 命令。

（8）Bring To Front 命令:该命令用于将图元对象设置为最顶层。操作方法与 Move to

Front 命令类似。

（9）Sent To Back 命令：该命令用于将图元对象的层移，功能与 Bring To Front 命令刚好相反，会将选择的对象移动到其他图元对象的下方。操作方法则与 Bring To Front 命令完全相同。

（10）Bring To Front of 命令：该命令用于图元对象的层移，其功能是将指定对象层移到某对象的上层。操作方法如下：

先选择【Edit】→【Move】→【Bring To Front of】命令，启动该命令后，鼠标指针变成"十"字形。单击选择需要层移的图元对象，选择完成后该对象将暂时消失，鼠标指针还是十字形。然后单击选择层移操作的参考对象，单击鼠标，原先暂时消失的需要层移的图元对象重新出现，并且被置于参考对象的上层。接着重复操作对其他对象进行层移操作，当所有操作完成后，单击鼠标右键，结束该命令。

（11）Sent To Back of 命令：该命令功能是将指定对象层移到某对象的下层。操作方法同【移到后面】命令。

2. 排列和对齐

放置好元件好，还要进行适当的调整，使原理图更加美观，易读。

为方便用户布置图元对象，Altium Designer 编辑提供了一系列排列与对齐功能。用户可以通过【Edit】→【Align】菜单启动排列与对齐命令，如图 4-46 所示，或者点击工具栏中  所弹出的下拉菜单，元件位置排列工具栏，排列对齐所选择的对象，如图 4-47 所示。

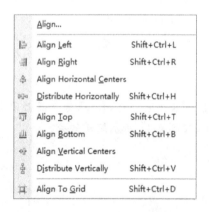 

图 4-46　Align 子菜单　　　图 4-47　元件位置排列工具栏

其具体操作介绍如下：

（1）元件左对齐

将一组图元对象的左侧边沿与其中的最靠左侧的对象左侧边沿对齐的操作步骤如下：

选中所有需要左对齐的图元对象，然后在主菜单中选择【Edit】→【Align】→【Align Left】命令，或者单击如图 4-47 中的选择左对齐工具按钮，或者使用【Shift】+【Ctrl】+【L】快捷键，就可以使所选择的所有图元对象左侧边缘对齐于最靠左侧的图元对象的左侧边缘。图 4-48 所示即为执行左对齐前后的原理图，接地端口未选中，作参考点。

（2）元件右对齐

将一组图元对象的右侧边沿与其中的最靠右侧的对象右侧边沿对齐的操作步骤如下：

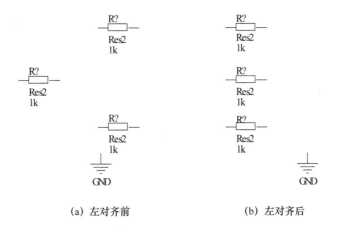

(a) 左对齐前　　　　　　　　　　(b) 左对齐后

图 4-48　左对齐前后的原理图

　　选择所有需要右对齐的图元对象,然后在主菜单中选择【Edit】→【Align】→【Align Right】命令,或者单击如图 4-47 中的选择左对齐工具按钮 ，或者使用【Shift】+【Ctrl】+【R】快捷键,就可以使所选择的所有图元对象右侧边缘对齐于所有选择的图元对象中最靠右侧的图元对象的右侧边缘。如图 4-49 所示即为执行右对齐前后的原理图,接地端口未选中,作参考点。

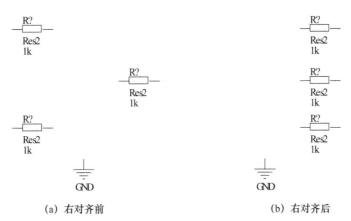

(a) 右对齐前　　　　　　　　　　(b) 右对齐后

图 4-49　右对齐前后的原理图

（3）元件按水平中心对齐

将一组图元对象的水平中心对齐的操作步骤如下:

　　选中所有需要垂直居中对齐的图元对象,然后在主菜单中选择【Edit】→【Align】→【Align Horizontal Centers】命令,或者单击如图 4-47 中的选择水平对齐工具按钮 ，就可以使所选图元对象的水平中心线都对齐于所选图元对象整体的垂直中心线。如图 4-50 所示即为执行水平居中对齐前后的原理图,所有选中的图元对象的垂直中心线与所选对象整体的垂直中心线对齐,这里的所选对象整体的垂直中心线是指与选中对象的最左侧边缘和最右侧边缘等距的线。接地端口未选中,作参考点。

（4）元件水平均匀分布命令

将一组对象水平间隔均匀分布排列的操作步骤如下:

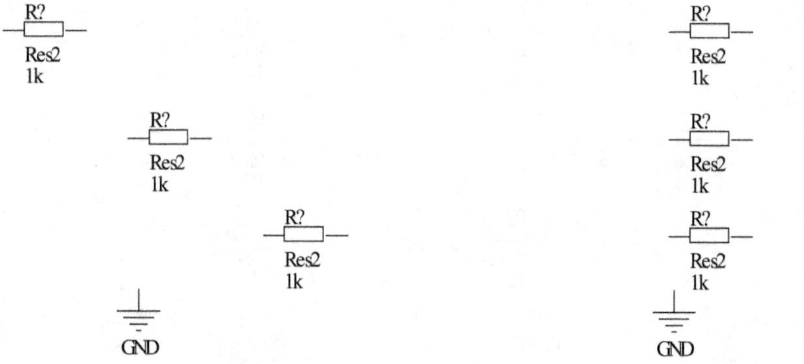

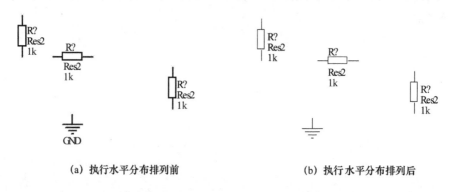

(a) 水平中心对齐前　　　　　　　　　　(b) 水平中心对齐后

图 4-50　水平中心对齐前后的原理图

　　选中所有需要水平分布距排列的图元对象,然后在主菜单中选择【Edit】→【Align】→【Distribute Horizontally】命令,或者单击如图 4-47 中的元件水平均匀分布工具按钮 ,或者使用【Shift】+【Ctrl】+【H】快捷键,就可以使所选图元对象在水平均匀分布排列。如图 4-51 所示即为执行水平均匀分布排列前后的原理图。接地端口未选中,作参考点。

(a) 执行水平分布排列前　　　　　　　　(b) 执行水平分布排列后

图 4-51　水平分布排列前后的原理图

（5）元件顶部对齐

将一组图元对象的顶部边缘对齐的操作步骤如下：

　　首先选中所有需要顶部对齐的图元对象,然后在主菜单中选择【Edit】→【Align】→【Align Top】命令,或者单击如图 4-47 中的元件顶对齐按钮 ,或者使用【Shift】+【Ctrl】+【T】快捷键,即可使所选图元对象顶部边缘与最高的图元对象的顶边缘对齐。如图 4-52 所示即为执行顶部对齐前后的原理图。对齐之前,顶部边缘位置最高的图元对象是 R2,经过顶部对齐操作后,其他选中的图元对象的顶部与 R2 的顶部对齐。接地端口未选中,作参考点。

（6）元件底部对齐

将一组图元对象的底部边缘对齐的操作步骤如下：

　　首先选中所有需要底对齐的图元对象,然后在主菜单中选择【Edit】→【Align】→【Align Bottom】命令,或者单击如图 4-47 中的元件底部对齐按钮 ,或者使用【Shift】+【Ctrl】+

(a) 顶对齐前　　(b) 顶对齐后

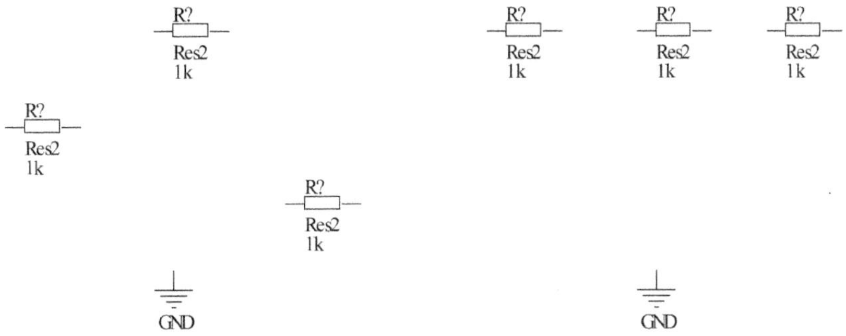

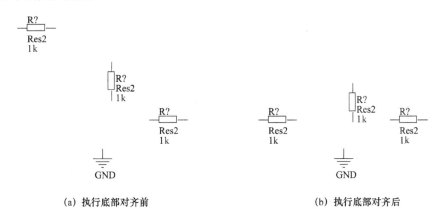

图 4-52　顶部对齐前后的原理图

【B】快捷键，即可使所选图元对象的底部边缘与处于最底端的图元对象底部边缘对齐。图 4-53 所示即为执行底部对齐前后的原理图。对齐之前，底部边缘位置最低的图元对象是 R2，经过底部对齐操作后，其他选中的图元对象的底部边缘都与 R2 的底部边缘对齐。接地端口未选中，作参考点。

(a) 执行底部对齐前　　(b) 执行底部对齐后

图 4-53　底部对齐前后的原理图

(7) 元件按垂直中心对齐

将一组图元对象的垂直方向按照水平中心线对齐的操作步骤如下：

首先选中所有需要垂直中心对齐的图元对象，然后在主菜单中选择【Edit】→【Align】→【Align Vertical Centers】命令，或者单击如图 4-47 中的元件垂直中心对齐按钮 ，即可使所选图元对象垂直中心对齐于所选对象整体的水平中心线。如图 4-54 所示即为执行垂直中心对齐前后的原理图。接地端口未选中，作参考点。

(8) 元件垂直均匀分布命令

将一组图元对象在垂直均匀分布排列，操作步骤如下：

首先选中所有需要在垂直均匀分布排列的图元对象，然后在主菜单中选择【Edit】→【Align】→【Distribute Vertically】命令，或者单击如图 4-47 中的元件垂直均匀分布对齐按钮 ，或使用【Shift】+【Ctrl】+【V】快捷键，即可使所选图元对象在垂直均匀分布排列。如图 4-55 所示即为执行垂直均匀分布排列前后的原理图。接地端口未选中，作参考点。

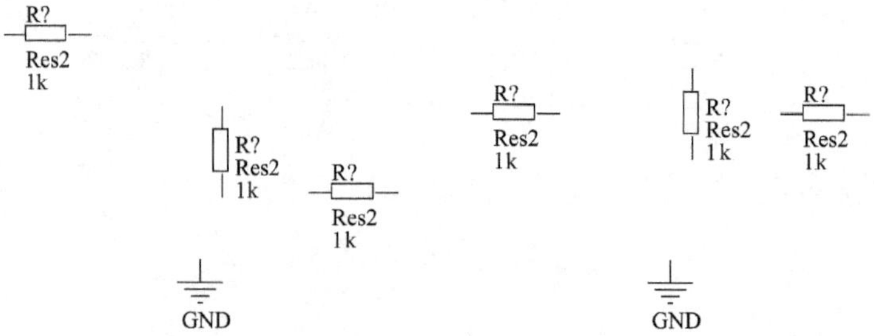

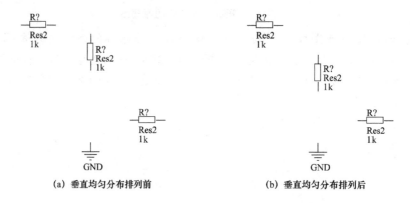

(a) 执行垂直中心对齐前   (b) 执行垂直中心对齐后

图 4-54   垂直中心对齐前后的原理图

(a) 垂直均匀分布排列前   (b) 垂直均匀分布排列后

图 4-55   垂直均匀分布排列前后的原理图

（9）元件栅格对齐

为了加快原理图绘制的效率,系统提供了电气栅格,如果所有图元对象都能对齐电气栅格,用户在连线的时候将会十分方便,同时原理图也会比较整齐美观,要将未对齐的图元对象对齐电气栅格,可进行以下操作。

首先选中所有需要对齐网格的图元对象,然后在主菜单中选择【Edit】→【Align】→【Align to Grid】命令,或者单击如图 4-47 中的元件对齐到栅格按钮 ⊞ ,或者使用【Shift】+【Ctrl】+【D】快捷键,即可使所选图元对象对齐最近的电气栅格。

（10）复合对齐命令的使用

使用复合对齐命令可以同时实现水平和垂直两个方向上的排列,步骤如下:

首先选中所有需要再排列的图元对象,然后在主菜单中选择【Edit】→【Align】→【Align】命令,打开如图 4-56 所示的 Align Object 对话框。

图 4-56   Align Object 对话框

Align Object 对话框中的各个选项的含义如下:

Horizontal Alignment 选项区域用来设置对象的水平对齐选项。

• 【No Change】选项表示水平方向上保持原状。

• 【Left】选项表示左对齐。

- 【Centre】选项表示水平居中对齐。
- 【Right】选项表示右对齐。
- 【Distribute equally】选项表示水平方向等间距排列。

Vertical Alignment 选项区域用来设置对象的垂直对齐选项。

- 【No Change】选项表示垂直方向上保持原状。
- 【Top】选项表示顶部对齐。
- 【Centre】选项表示竖直方向居中对齐。
- 【Bottom】选项表示底部对齐。
- 【Distribute equally】选项表示垂直分布排列。
- 【Move primitives to grid】选项用于设置对齐时将所选对象对齐到电气栅格上,便于线路的连接。

在 Align Object 对话框中选择水平方向和垂直方向需要进行的对齐操作,单击【OK】按钮即可按照用户设置完成所需的对齐操作。

4.3.3　布线工具栏的使用

元件摆放到位后,接下来就要进行导线的放置了,将需要连接的引脚通过导线进行电气属性的连接。

1. 导线的放置

导线用于连接具有电气连通关系的各个原理图管脚,表示其两端连接的两个电气结点处于同一个电气网路中。原理图中任何一根导线的两端必须分别连接引脚或其他电气符号。在原理图中添加导线的具体步骤如下:

在主菜单中选择的【Place】→【Wire】命令如图 4-57 所示,或者单击如图 4-58 所示的布线工具栏中的布置导线工具按钮 ,或者使用快捷键【P】+【W】。此时鼠标指针自动变成"十"字形,表示系统处于放置导线状态。布线工具栏中的按钮和 Place 菜单中的各命令互相对应。

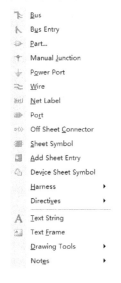

图 4-57　Place 下拉菜单

单击键盘【Tab】键,打开如图 4-59 所示的 Wire 属性对话框。

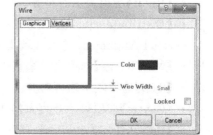

图 4-58　布线工具栏　　　　　　　　　　图 4-59　Wire 属性对话框

　　单击 Wire 属性对话框中的【Color】色彩条进行导线颜色的选择。将鼠标指针移动到欲放置导线的起点位置(一般是元件的引脚),若设置了电气栅格后,当鼠标指针移动到原理图中某一个电气结点,例如元件的引脚附近时,如果鼠标指针处于该引脚的电气栅格范围之内,系统会自动定位鼠标指针到该引脚上,并显示一个红色的 X 形连接标记,这表示鼠标指针此时在元件的该电气连接点上,如图 4-60 所示。

图 4-60　定位鼠标指针

　　单击鼠标确定导线的起点。移动鼠标指针后,会出现一条细线从所确定的第一个端点处延伸出来,直至鼠标指针当前所指位置。将鼠标指针移到导线的下一个折点,单击鼠标在导线上添加一个布线点,系统自动布置从端点到该布线点之间的导线。继续移动鼠标指针确定导线上的其他布线点,直至导线的终点。

　　右击鼠标或单击【Esc】键,完成这一条导线的布置,整个过程如图 4-61 所示。

　　移动鼠标指针,在图纸上布置其他导线,如果导线布置完毕,右击鼠标,或者单击【Esc】键,结束导线的布置。

2. 总线的放置

　　总线是对多条信号线的称呼,具有电气连接的作用。在数字电路原理图中常会出现多条平行布置的导线,由一个器件相邻的管脚连接到另一个器件的对应相邻管脚。为降低原理图的复杂度,提高原理图的可读性,设计者可在原理图中使用总线。在 Altium Designer 的原理图编辑器中总线和总线引入线实际上都没有实质的电气意义,仅仅是为了方便看原理图而采取的一种示意形式。电路上依靠总线形式连接的相应点的电气关系不是由总线和总线入口确定的,而是由在对应电气连接点上布置的网络标签【Net Label】确定的,只有网络标签相同的各个点之间才真正具备电气连接关系。通常情况下,为与普通导线相区别,总线比一般导线粗,而且在两端有多个总线引入线和网络标记。

　　布置总线的布置过程与导线基本相同,其具体步骤如下:

　　单击布线工具栏上的布置总线工具按钮 ，或者选择主菜单中的【Place】→【Bus】命令,或者使用快捷键【P】+【B】,此时鼠标指针自动变成"十"字形,表示系统处于放置导线状态。

　　单击键盘上的【Tab】键,打开如图 4-62 所示的 Bus 对话框。

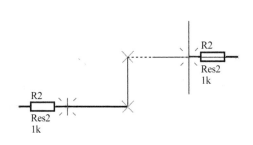

图 4-61　布置导线的过程

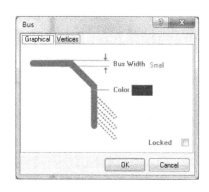

图 4-62　Bus 对话框

在 Bus 对话框中单击【Color】色彩条,选择色彩。在 Bus 对话框的【Bus Width】下拉列表中选择总线的宽度。与导线宽度的设置相同,Altium Designer 为用户提供了四种宽度的线型供选择,分别是【Smallest】、【Small】、【Medium】和【Large】,默认的线宽为【Small】。总线的宽度与导线宽度相匹配,即选择同样的宽度选项的总线和导线的宽度比例相同。建议总线的宽度设置与导线的宽度相匹配,即两者都采用同一设置,如果导线宽度设置比总线宽度大的话,容易引起混淆。画总线时一般常采用 45°模式绘制,并且总线的末端最好不要超出总线引入线。所有与总线相关的选项都设置完毕后,单击【OK】按钮,关闭 Bus 对话框。

将鼠标指针移动到欲放置总线的起点位置,单击鼠标或单击回车键确定总线的起点。移动鼠标指针后,会出现一条细线从所确定的端点处延伸出来,直至鼠标指针所指位置。将鼠标指针移到总线的下一个转折点或终点处,单击鼠标或单击回车键添加导线上的第二个固定点。此时在端点和固定点之间的导线就绘制好了。继续移动鼠标指针,确定总线上的其他固定点,最后到达总线的终点后,先单击鼠标或单击键盘回车键,确定终点,然后右击鼠标或单击【Esc】键,完成这一条总线的布置。

3. 总线进口的放置

单击布线工具栏中的布置总线进口工具按钮 ,或者在主菜单选择【Place】→【Bus Entry】命令,或者使用快捷键【P】+【U】。

启动布置总线进口命令后,鼠标指针变成"十"字形,并且自动悬浮一段与灰色水平方向夹角为 45°或 135°的导线,如图 4-63所示,表示系统处于布置总线引入线状态。

图 4-63　布置总线进口
时的鼠标指针

单击键盘上的【Tab】键,打开如图 4-64 所示的总线进口对话框。

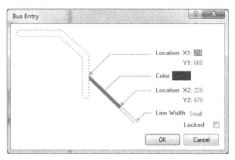

图 4-64　总线进口对话框

在总线进口对话框中单击【Color】色彩条，选择色彩。在总线进口对话框中单击【Line Width】下拉列表右侧的按钮，在弹出的列表中选择总线引入线的宽度规格。与总线宽度一样，总线引入线也有四种宽度线型可选择，分别是【Smallest】、【Small】、【Medium】和【Large】，默认的线宽为【Small】，建议选择与总线相同的线型。单击【OK】按钮，完成对总线引入线属性的修改。

将鼠标指针移到将要放置总线引入线的器件管脚处，鼠标指针上出现一个红色的星形标记，单击鼠标即可完成一个总线引入线的放置，如果总线引入线的角度不符合布线的要求，可以单击键盘的【Space】调整总线引入线的方向。

重复步骤上述的操作，在其他管脚放置总线引入线，当所有的总线引入线全部放置完毕，右击鼠标或按【Esc】键，退出布置总线引入线的状态，此时鼠标指针恢复为箭头状态。

单击选中总线，按住鼠标，调整总线的位置，使其与一排总线引入线相连，绘制好的总线引入线如图 4-65 所示。

4. 网络标签的放置

添加了总线进口后，实际上并未在电路图上建立正确的引脚连接关系，此时还需要添加网络标签【Net Label】，网络标签是用来为电气对象分配网络名称的一种符号。在没有导线连接的情况下，也可以用来将多个信号线连接起来。网络标签可以在图纸中连接相距较远的元件管脚，使图纸清晰整齐，避免长距离连线造成的识图不便。网络标签可以水平或者垂直放置。在原理图中，采用相同名称的网络标签标识的多个电气结点，被视为同一条电气网络上的点，等同于有一条导线将这些点都连接起来了。因此，在绘制复杂电路时，合理地使用网络标签可以使原理图看起来更加简洁明了。

放置网络标签的步骤如下：

在主菜单中选择【Place】→【Net Label】命令，或者单击布线工具栏上的放置网络标签工具按钮 ，或者使用快捷键【P】+【N】。

启动放置网络标签命令后，鼠标指针将变成十字鼠标指针，并在鼠标指针上悬浮着一个默认名为【Net Label】的标签，如图 4-66 所示。

图 4-65　绘制好的总线进口　　　图 4-66　布置网路标签时的鼠标指针

单击【Tab】键，打开如图 4-67 所示的 Net Label 对话框。

单击【Color】色彩条，选择色彩。单击【Orientation】右侧的文字，在弹出的列表中选择网络标签的旋转角度。在【Net】区域的编辑框内设置网络标签的名称。

在网络标签名称的后面输入反斜杠【\】表示信号输入低电平有效或下降有效，在第一个字母前加单反斜杠表示该网络为低态信号。在放置过程中，如果网络标签的最后一个字符为数字，则该数字会自动按指定的数字递增。

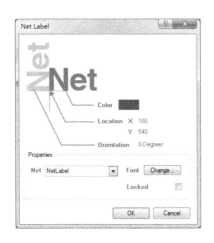

图 4-67　Net Label 对话框

　　将鼠标指针移到需要放置网络标签的导线上,当鼠标指针上显示出红色的星形标记时,表示鼠标指针已捕捉到该导线,如图 4-68,单击鼠标即可放置一个网络标签。如果需要调整网络标签的方向,单击键盘的【Space】,网络标号会逆时针方向旋转 90°。

　　将鼠标指针移到其他需要放置网络标签的位置,继续放置网络标签。右击鼠标或按【Esc】键,即可结束布置网络标签状态。如图 4-69 所示为一个已布置好网络标签的总线的一端。

图 4-68　网络标签放置

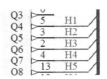

图 4-69　布置网络标签后的总线

5．接点的放置

　　电气连接点是一个小的实心圆点,在原理图上用于表示交叉导线的电气连接关系,如果没有接点,则认为两条导线在电气上是不相通的,如果存在节点,则认为两条导线在电气上是相互连接的。在默认状态下,系统会在 T 形的连线交叉处自动放置电气节点表示连接,但在十字形交叉连接处默认不连接,如果需要连接,就需要手工添加电气节点。

　　添加电气节点的步骤如下:

　　在主菜单中选择【Place】→【Manual Junction】命令,或者使用快捷键【P】+【J】。启动放置电气节点命令后,鼠标指针将变成十字鼠标指针,并在鼠标指针上悬浮一个电气节点标志。

　　单击键盘上的【Tab】键,打开如图 4-70 所示的 Junction 对话框。

　　单击【Color】色彩条,选择色彩。单击 Junction 对话框 Properties 区域的【Size】下拉列表右侧的按钮,在弹出的列表中选择电气节点的规格。为了与导线的规格相匹配,电气节点也有四种规格,分别是【Smallest】、【Small】、【Medium】和【Large】,默认大小为【Smallest】。

　　单击【OK】按钮,关闭 Junction 对话框,结束对电气节点的调整。

　　移动鼠标指针至连线交叉处,此时鼠标指针上显示红色星形标志,表示该处有电气连接点,单击鼠标,在该交叉点放置一个电气节点如图 4-71 所示。重复之前操作放置其他电气节点,布置完毕后,单击鼠标右键,结束电气节点的布置。

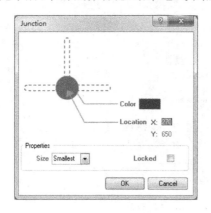

图 4-70　Junction 对话框

图 4-71　放置好的节点

6. 电源及接地端口的放置

电源及接地端口是一种表示电源和地的专用符号,每个电源端口包含一个特定的网络标签,它允许在原理图上的任何位置表示电源和地网络。电源端口的网络标签名称可以相同也可以不同,相同则表示同一个电源或地,不同则表示不同的电源或地。

布置电源端口的步骤如下:

在主菜单中选择【Place】→【Power Port】命令,或者单击布线工具栏上的布置电源端口工具按钮或布置接地端口工具按钮 ,或者使用快捷键【P】+【O】。启动放置电源端口命令后,鼠标指针将变成"十"字鼠标指针,并在鼠标指针上悬浮一个电源或接地标志。

单击【Tab】键,打开如图 4-72 所示的电源及接地端口对话框。

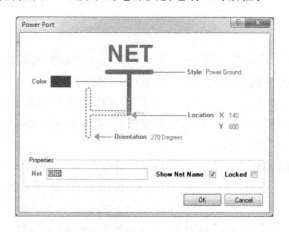

图 4-72　电源及接地端口对话框

单击【Color】色彩条,选择色彩。单击【Location】右侧的文字,在弹出的下拉列表中选择电源端口的旋转角度选项。单击【Style】右侧的文字,在弹出的下拉列表中选择电源端口标志的样式。Altium Designer 为用户提供了多种电源端口图标,如图 4-73 所示,从左至右分别为圆形接点、箭头接点、条形接点、波浪接点、电源地、信号地、接地。

在 Properties 区域的【Net】编辑框内输入电源端口的网络标签名称。电源端口的属性项设置完成后,单击【OK】按钮,关闭电源及接地端口对话框。

将鼠标指针移到需要放置电源端口处,单击鼠标即可完成一个电源端口的放置。在布置电源端口的过程中,单击键盘【Space】即可将电源端口符号的按照逆时针方向旋转90°,单击【X】键左右翻转,单击【Y】键上下翻转。重复之前步骤放置其他电源端口,布置完所有电源端口后,右击鼠标或按【Esc】键,即可结束电源端口的布置。

7. 端口的放置

在原理图中除了使用导线、网络标签表示电气连接关系外,布置端口也是一种表示电气连接关系的方法,端口通常用于不同电路原理图之间的连接,也广泛适用于层次原理图的端口连接。

布置端口的步骤如下:

在主菜单中选择【Place】→【Port】命令,或者单击布线工具栏中的布置端口工具按钮
,或者使用快捷键【P】+【R】。启动放置端口命令后,鼠标指针变成"十"字形,并在鼠标指针上悬浮一个端口标志,如图 4-74 所示。

图 4-73　不同类型电源端口的图标　　　　图 4-74　放置端口时的鼠标指针

单击【Tab】键,打开如图 4-75 所示的 Port Properties 对话框。

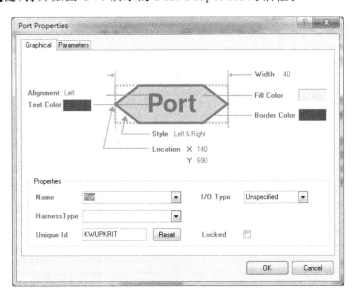

图 4-75　Port Properties 对话框

在 Port Properties 对话框的【Graphical】选项卡的【Properties】区域的【I/O Type】下拉列表框中选择端口的类型。根据端口标签上的信号流向,共有四种端口类型可供选择,分别是【Unspecified】、【Input】、【Output】和【Bidirectional】,其标志分别如图 4-76 所示,分别代

表不确定型、输入型、输出型和双向型。

在如图 4-75 所示的 Port Properties 对话框的
【Graphical】选项卡的【Properties】区域的【Name】编
辑框中输入端口名称,单击【OK】按钮,相同的端口
名称,代表连接的关系。

图 4-76　四种端口类型的标志

移动鼠标指针到原理图上需要放置端口的地
方,单击鼠标,将端口一端固定到原理图上,移动鼠标,调整端口符号的长度,再次单击鼠标,
即完成一个端口的布置。重复上述步骤布置其他端口,全部布置完毕后,右击鼠标,结束端
口的布置。

8. No ERC 的放置

布置【No ERC】标志的主要目的是使系统在执行 ERC(电气规则)检查时,跳过对布置
有【No ERC】标志的接点的检查,避免在编译的报告中产生不必要的警告或错误信息。例
如,系统默认输入型引脚必须要连接,但实际上某些输入型引脚不连接也是允许的,如果不
放置【No ERC】标志,原理图在编译时就会被认为存在引脚使用错误,导致编译失败。

布置【No ERC】标志的步骤如下所示:

在主菜单中选择【Place】→【Directives】→【No ERC】命令,或者单击布线工具栏中的布
置【No ERC】标志工具按钮 ✕ ,或者使用快捷键【P】+【V】+【N】。

单击键盘的【Tab】键,打开如图 4-77 所示的 No ERC 对话框。

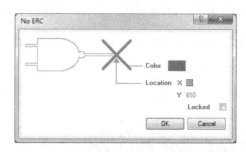

图 4-77　No ERC 对话框

单击【Color】色彩条,选择色彩。单击 No ERC 对话框中的【OK】按钮,关闭【No ERC】
对话框,然后在电路图中需要布置【No ERC】标志的引脚上单击,即可添加一个【No ERC】
标志。在原理图中器件的一些引脚在被空置的时候,系统进行实时原理图规则检查时会在
该引脚下添加一个红色波浪线,表示该引脚存在错误。在该引脚上布置【No ERC】标志后,
警告错误的红色波浪线就消失了。

重复上述步骤在其他的引脚上添加【No ERC】标志,完成后,右击鼠标或者【Esc】键,结
束【No ERC】标志的布置。

4.4　原理图设计实例

绘制如图 4-78 所示电路原理图。

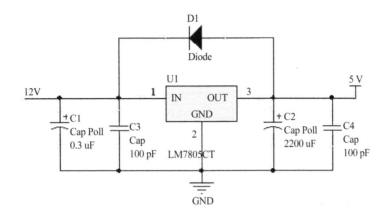

图 4-78 7805 稳压电路

该图中包含多个元件,可通过搜索库的方法将所有元件放置在指定位置处,并且最好在放置一个电路对象时,依次完成该对象的所有操作,避免重复修改和调整。

操作步骤如下:

(1) 启动 Altium Designer 软件,执行菜单命令【File】→【New】→【Project】→【PCB Project】,创建一个工程文件,右击新建的工程,保存并改名为 Power. PrjPcb。执行菜单命令【File】→【New】→【Schematic】创建一个原理图文件,右击新建的文件,保存并改名为 Power. SchDoc。

(2) 原理图编辑界面右侧标签处,点击【Libraries】打开 Libraries 工作面板。单击【Search】按钮,打开搜索对话框并填入 LM7805CT,如图 4-79 所示,并单击【Search】按钮,将进行搜索操作。

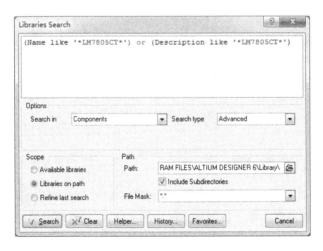

图 4-79 搜索对话框

(3) 搜索完毕后,单击【Place LM7805CT】按钮,则可以放置元件,此时按下【Tab】键或者双击放置完的元件,弹出元件的属性设置对话框,在其中将【Designator】文本框由"U?"修改为"U1"。如图 4-80 所示。

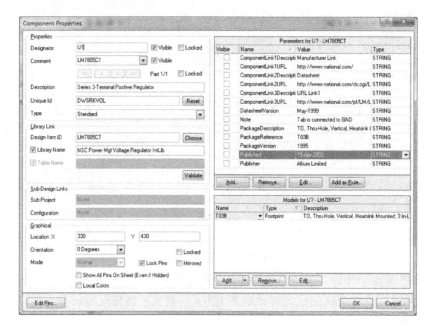

图 4-80 元件属性设置对话框

（4）电容、二极管同样可以通过搜索的方法得到，也可以直接在 Libraries 工作面板中打开 Miscellaneous Devices. IntLib 库，并在库中找到，修改名称、参数后放置到位。如图 4-81 所示。

（5）单击布线工具栏中的 按钮，依次进行导线的放置。要注意，在布线的时候十字交叉线一般默认为不相交，如果相交的话，要手工放置接点，执行菜单命令【Place】→【Manual Junction】，放置到对应位置即可。如图 4-82 所示。

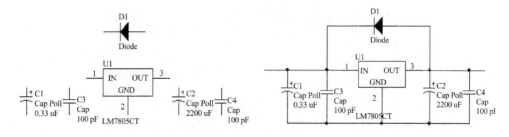

图 4-81 放置好器件   图 4-82 放置导线及手动放置节点

（6）单击布线工具栏中的 和 按钮，分别放置 VCC 和 GND。单击布线工具栏中的 按钮放置网络标号，双击网络标号修改网络标号的文字，完成原理图的绘制。如图 4-78 所示。

课 后 习 题

4.1 简述电路原理图设计的基本流程。

4.2 如何设置原理图图纸参数。

4.3 如何加载、删除元件库？如何从元件库中查找、放置元件？

4.4 如何修改元件的参数。

4.5 绘制如图 4-83 所示的电路原理图,元件清单在表 4-1 中,参数如图 4-83 所示。

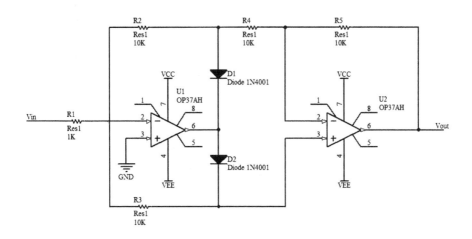

图 4-83 习题 4.5 电路图

表 4-1 原理图元件明细

序号	元件名称 Library Ref	元件注释 Comment	封装 Footprint	元件标号 Designator
1	Diode 1N4001	Diode 1N4001	DO-41	D1,D2
2	Res1	Res1	AXIAL-0.3	R1,R2,R3,R4,R5
3	OP37AH	OP37AH	H8	U1,U2

4.6 绘制如图 4-84 所示的电路原理图,元件清单在表 4-2 中,参数如图 4-84 所示。

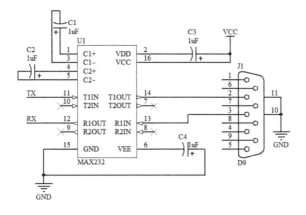

图 4-84 习题 4.6 电路图

表 4-2　原理图元件明细

序号	元件名称 Library Ref	元件注释 Comment	封装 Footprint	元件标号 Designator
1	Cap Pol1	Cap Pol1(不显示)	RB7.6-15	C1,C2,C3,C4
2	D Connector 9	D9	DSUB1.385-2H9	J1
3	MAX232CPE	MAX232	PE16A	U1

4.7　绘制如图 4-85 所示的电路原理图,元件清单在表 4-3 中,参数如图 4-85 所示。

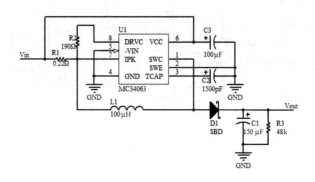

图 4-85　习题 4.7 电路图

表 4-3　原理图元件明细

序号	元件名称 Library Ref	元件注释 Comment	封装 Footprint	元件标号 Designator
1	Cap Pol1	Cap Pol1(不显示)	RB7.6-15	C1,C2,C3
2	Diode 10TQ035	SBD	TO-220AC	D1
3	Inductor	Inductor(不显示)	0402-A	L1
4	Res1	Res1(不显示)	AXIAL-0.3	R1,R2,R3
5	MC34063AP1	MC34063	626-05	U1

4.8　绘制如图 4-86 所示的电路原理图,元件清单在表 4-4 中,参数如图 4-86 所示。

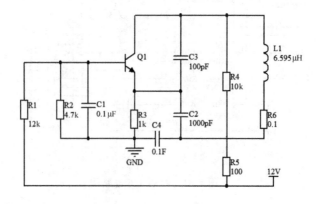

图 4-86　习题 4.8 电路图

表 4-4　原理图元件明细

序号	元件名称 Library Ref	元件注释 Comment	封装 Footprint	元件标号 Designator
1	Cap	Cap(不显示)	RAD-0.3	C1,C2,C3,C4
2	Inductor	Inductor(不显示)	0402-A	L1
3	2N3904	2N3904(不显示)	TO-92A	Q1
4	Res2	Res2(不显示)	AXIAL-0.4	R1,R2,R3,R4,R5,R6

4.9　绘制如图 4-87 所示的电路原理图,元件清单在表 4-5 中,参数如图 4-87 所示。

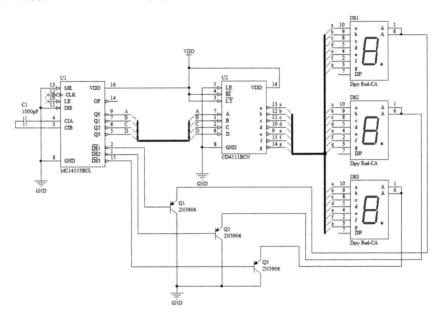

图 4-87　习题 4.9 电路图

表 4-5　原理图元件明细

序号	元件名称 Library Ref	元件注释 Comment	封装 Footprint	元件标号 Designator
1	Cap	Cap(不显示)	RAD-0.3	C1
2	Dpy Red-CA	Dpy Red-CA	LEDDIP-10	DS1,DS2,DS3
3	2N3906	2N3906	TO-92A	Q1,Q2,Q3
4	MC14553BCL	MC14553BCL	620-10	U1
5	CD4511BCN	CD4511BCN	N16E	U2

第 5 章

层次电路原理图

本章主要介绍层次原理图的结构和设计方法,层次原理图系统总图的设计,自上而下和自下而上的层次型原理图的设计方法。

5.1　层次原理图的设计方法

随着电子技术、计算机技术、自动化技术的飞速发展,所要绘制的电路原理图越来越复杂,而要把电路图绘制在一张原理图上更加复杂,也使得工程技术人员无法看懂。因此通常将一个复杂的电路画在多张图纸,而它们之间组合的关系通常采用层次式结构,构成层次原理图。

在层次原理图的设计中,通常把一个完整的电路系统视为一个设计工程,由于电路系统非常复杂,不可能将它一次完成,也不可能将这个原理图画在一张图纸上,更不可能由一个人独立完成。Altium Designer 提供了一个很好的项目设计工作环境。可以把整个庞大的原理图划分为几个基本原理图,或者说划分为多个层次。这样,整个原理图就可以分层次进行并行设计,由此产生了原理图层次设计。这种设计方法不但使设计的电路原理图功能清晰,表达清楚,而且大大降低了电路原理图绘制的复杂程度。

原理图的层次设计方法实际上是一种模块化的设计方法。用户可以将电路系统根据功能划分为多个子系统,子系统下还可以根据功能再细分为若干个基本子系统。设计好子系统原理图,定义好子系统之间的连接关系,即可完成整个电路系统设计过程。不同的功能模块分配给不同的设计者来完成,通过多人合作完成设计任务,缩短设计周期。

根据电路的复杂程度不同,常见的层次型原理图的层次结构一般是两层或三层。首先要定义层次原理图的结构。按照电路的功能和结构对总体电路进行划分,每个电路模块具有明确的功能特征,结构上相对独立,并能在各模块之间正确地传递信号。层次原理图的设计被认为是逻辑方块电路之间的层次结构设计,每一个方块图文件可以是一个原理图文件,也可以是 VHDL 文件。在这样的结构的最前端的文件称为顶层文件,即描述整个电路结构的系统总图。而对应某一个具体模块的模块电路图称为方块电路。

工程面板中的层次结构的表示形式如图 5-1 所示。

下面以 Altium Designer 系统自带的 PortSwitcherPCB1D. PrjPCB 为例说明层次原理图的结构。

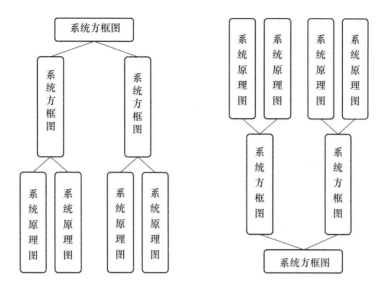

图 5-1 层次原理图的层次关系

在主菜单中执行打开工程命令,打开 Examples\Reference Designs\PortSwitcher 文件夹里的 PortSwitcherPCB1D. PrjPCB 工程文件,在工程面板中可以看出整个层次原理图具有三层结构,PCB_PortSwitcher1D. SchDoc 即为系统总图,其下包括五个功能模块:PCB_Power1D. SchDoc(电源模块)、PCB_RS2321D. SchDoc(串行通信模块)、PCB_JTAG1D. SchDoc(JTAG 接口模块)、FPGA Symbol1. SchDoc(FPGA 模块)和 PCB_PortIO1D. SchDoc(连接端口模块),其中 FPGA Symbol1. SchDoc(FPGA 模块)子原理图中还有一个子模块,如图 5-2 所示。

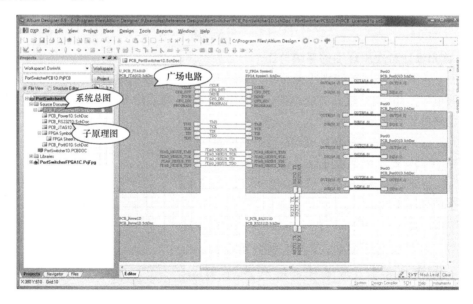

图 5-2 PortSwitcherPCB1D. PrjPCB 层次结构图

从图 5-2 中可以看到,在层次原理图中,系统总图非常简单,整个电路包含五种电路模块,分别用七个方块电路表示,并且通过方块电路内的 I/O 端口、导线和总线来表示各模块之间的电气连接关系。每个方块电路对应一个电路模块,每个方块电路的文件名与工程面板中对应的原理图文件名相同。

5.2 自上而下的层次原理图设计方法

自上而下层次原理图设计是指用户根据设计要求将设计项目划分成若干个功能模块及其子模块,首先根据各模块之间的关系设计系统总图,然后再设计总图中所包含的各个方块电路符号所对应的子原理图,逐步细化,最终完成整个系统原理图的设计。

下面以常用的 Create Sheet from Symbol 的方式来介绍自上而下的层次原理图设计方法。用如图 5-3 所示为例来说明自上而下的层次原理图设计过程。

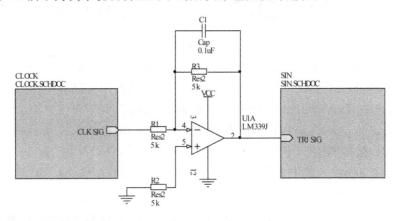

图 5-3 系统总图

1. 首先设计层次原理图的系统总图

如图 5-3 所示,该系统总图由两个电路模块及部分电路图组成,系统总图的设计首先从绘制方块电路开始,然后放置方块电路的输入输出端口,最后用导线完成电气属性的连接。

该电路的设计步骤如下:

(1)执行菜单命令【File】→【New】→【Project】→【PCB Project】创建一个工程并保存该工程。

(2)执行菜单命令【File】→【New】→【Schematic】创建一个原理图文件。

(3)执行菜单命令【Place】→【Sheet Symbol】或者单击布线工具栏的 ▦ 按钮,开始绘制方块电路。绘制方法与矩形框相似。放置好方块电路,如图 5-4 所示。

(4)双击放置好的方块电路进行属性编辑。弹出如图 5-5 所示的 Sheet Symbol 对话框。

• 【Designator】:方块电路的名称。

图 5-4 放置好的方块电路

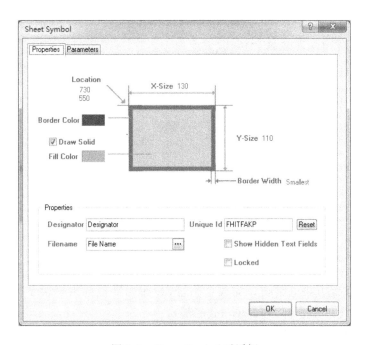

图 5-5　Sheet Symbol 对话框

- 【Filename】:方块电路对应的原理图文件名。
- 【Unique Id】:设置方块电路的唯一编号,可以通过右侧的【RESET】按钮进行设置。
- 【Show Hidden Text Fields】:设置是否显示隐藏的文本区域。

在本例中,在 Designator 中填入方块电路名:CLOCK,在 Filename 中填入方块电路所对应的子原理图文件名:CLOCK. SchDoc,一般方块电路名与方块电路所对应的子原理图文件名保持一致,其他选项一般采用默认设置。

用同样的方法绘制另一个方块电路模块。绘制完成得方块电路如图 5-6 所示。

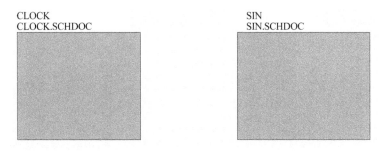

图 5-6　绘制好的方块电路模块

(5) 执行菜单命令【Place】→【Add Sheet Entry】或者单击布线工具栏的 █ 按钮,光标变成"十"字形,将光标移到要放置端口的方块电路上单击,光标处出现方块电路端口的符号,此时处于防止方块电路端口状态,并且光标只能在该方块电路内部移动。

在此状态下,按【Tab】键,系统会弹出方块电路端口属性设置对话框,如图 5-7 所示,该对话框中各项意义如下。

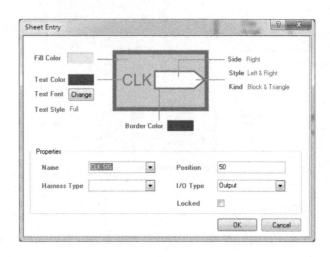

图 5-7　Sheet Entry 对话框

• 【Side】:设置方块电路端口的放置位置,右面的下拉列表提供了 4 个选项:Left(左侧)、Right(右侧)、Top(顶部)和 Bottom(底部)。

• 【Style】:设置方块电路端口的箭头形状,右面的下拉列表提供了 8 个选择:None(Horizontal)(水平方向无箭头)、Left(左箭头)、Right(右箭头)、Left&Right(左右双向箭头)、None(Vertical 垂直方向无箭头)、Top(上箭头)、Bottom(下箭头)以及 Top&Bottom(上下双向箭头)。

• 【Name】:设置方块电路端口的名称。

• 【Position】:设置方块电路端口的位置,通常采用鼠标定位。

• 【I/O Type】:设置方块电路端口的类型。右面的下拉列表提供了 4 个选项:Unspecified(未定义)、Output(输出端口)、Input(输入端口)和 Bidirectional(双向端口)。

按照图 5-7 设置好参数后,单击【OK】按钮,将光标移到方块电路内合适的位置后再单击,即可完成一个方块电路端口的放置。用同样的方法,参照图 5-3 所示的电路完成所有方块电路的端口,如图 5-8 所示。

图 5-8　设置好端口的方块图

放置元件、电源、地并连接相应导线。完成如图 5-3 所示系统总图。

2. 设计层次原理图子原理图

根据方块图生成子原理图,步骤如下:

(1) 执行菜单命令【Design】→【Create Sheet from Symbol】,执行命令后,此时光标变成

一个"十"字形,将光标移到其中一个方块电路上,例如 CLOCK. SchDoc 上,如图 5-9 所示。

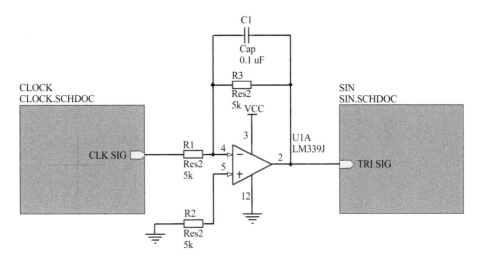

图 5-9　CLOCK. SchDoc 方块图上出现"十"字光标

(2)单击鼠标,自动产生名为 CLOCK. SchDoc 的原理图文件如图 5-10 所示,端口在自动生成的子原理图中出现。

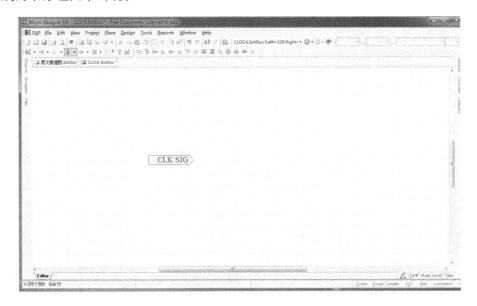

图 5-10　自动生成的名为 CLOCK. SchDoc 的原理图文件

(3)自动生成名为 SIN. SchDoc 的原理图文件,方法同上。

(4)绘制生成的两个子原理图文件的电路图,如图 5-11 和图 5-12 所示。

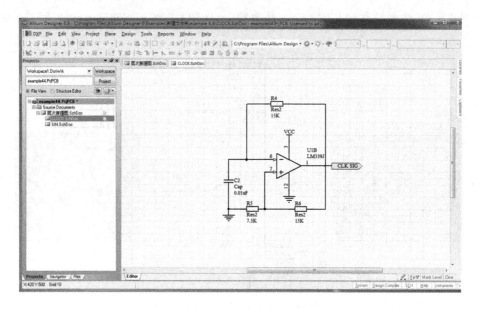

图 5-11　CLOCK.SchDoc 子原理图

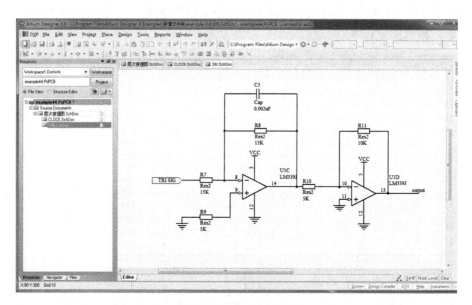

图 5-12　SIN.SchDoc 子原理图

5.3　自下而上的层次原理图设计方法

　　自下而上层次原理图设计是指用户预先画好子原理图,再由子原理图产生层次原理图的系统总图来表示整个工程的关系。

　　下面以常用的 Create Sheet Symbol from Symbol or HDL 的方式来介绍自下而上的层

次原理图设计方法。下面以 5.2 节的例子来说明自下而上的层次原理图设计过程。

（1）在主菜单中执行命令【File】→【New】→【Project】→【PCB Project】新建一个工程文件，并在主菜单中执行命令【File】→【New】→【Schematic】新建三张原理图文件，包括两张子原理图的子图和一张系统总图，如图 5-13 所示。

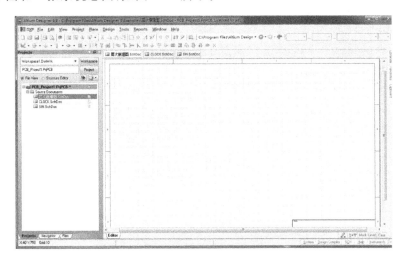

图 5-13 所生成的三张原理图

（2）在两张子原理图中对应的绘制子图文件 CLOCK. SchDoc 和 SIN. SchDoc，如图 5-12 所示。

（3）打开系统总图文件层次原理图. SchDoc，执行菜单命令【Design】→【Create Sheet Symbol from Sheet or HDL】，弹出如图 5-14 所示对话框，并在其中列出当前过程下所有当前子原理图的文件，选中要创建的子原理图文件，单击【OK】按钮确定。

图 5-14 选择子原理图

（4）单击【OK】按钮确定后，切换到系统总图，光标变成如图 5-15 所示形状，在合适的位置单击，放置电路方框图。

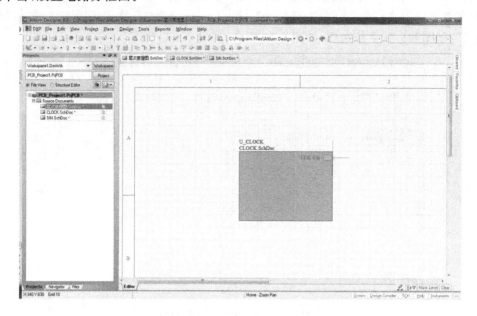

图 5-15　单击放置方块电路

（5）生成另一个方块电路，如图 5-16 所示。

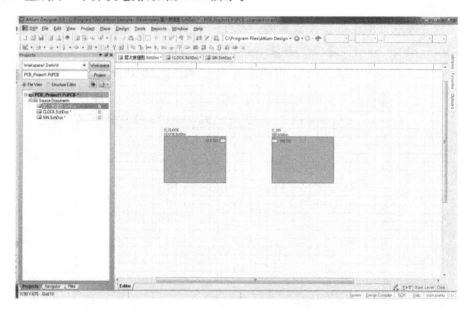

图 5-16　放置好方块电路后的系统总图

（6）最后在系统总图中放置元件、电源、地并连接导线后，得到如图 5-3 所示系统总图。

（7）完成层次原理图的设计后，执行菜单命令【Project】→【Compile PCB Project ＊.PRJPCB】，对整个工程进行编译，编译后在工程面板和导航器（Navigator）工作面板上将显示出层次原理图的层次结构关系。同时导航器工作面板上还会显示出层次原理图中相关网络和接点等信息,如图 5-17 所示。

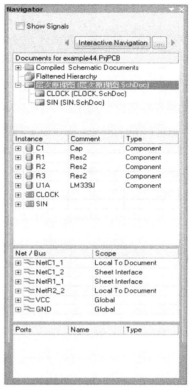

(a) 工程面板　　　　　　　　(b) 导航器（Navigator）工作面板

图 5-17　编译结束后的工程面板和导航器面板

5.4　层次原理图之间的切换

　　当层次原理图的子图较多或结构较复杂时,在系统总图和各子图之间方便快捷地切换就显得很重要。

　　Altium Designer 软件可以很方便的在系统总图和各子图之间快速切换。

　　执行菜单命令【Tools】→【Up/Down Hierarchy】,使用快捷键【T】/【H】或者单击标准工具栏中的 按钮后,光标变成"十"字形。此时,在系统总图的某个方块电路上单击,即可切换到该方块电路所对应的子原理图中,同样也可以执行此命令点击子原理图的某个连接端口,从子原理图切换到系统总图中,并且该对应端口高亮显示。

课 后 习 题

5.1 如何采用自上而下生成原理图,如何自下而上生成方块电路。

5.2 如何进行层次原理图的切换。

5.3 分别采用自上而下、自下而上两种方法,绘制层次原理图,图 5-18 为系统总图,系统总图中的方块电路 Amplifier1.SchDoc 和 Amplifier2.SchDoc 分别对应原理图 5-19 和图 5-20,元件清单在表 5-1、表 5-2 和表 5-3 中,参数如图所示。

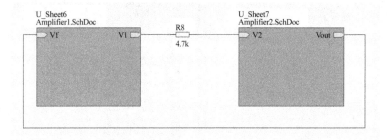

图 5-18 系统总图

表 5-1 系统总图元件明细表

序号	元件名称 Library Ref	元件注释 Comment	封装 Footprint	元件标号 Designator
1	Res2	Res2(不显示)	AXIAL-0.4	R8

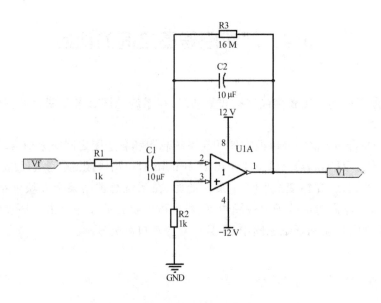

图 5-19 Amplifier1.SchDoc 电路原理图

表 5-2   Amplifier1. SchDoc 元件明细表

序号	元件名称 Library Ref	元件注释 Comment	封装 Footprint	元件标号 Designator
1	Cap2	Cap2(不显示)	CAPR5-4X5	C1,C2
2	Res2	Res2(不显示)	AXIAL-0.4	R1,R2,R3
3	LM358AP	LM358	P008	U1A

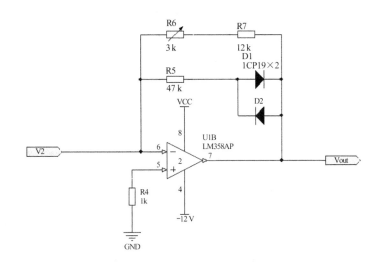

图 5-20   Amplifier2. SchDoc 电路原理图

表 5-3   Amplifier2. SchDoc 元件明细表

序号	元件名称 Library Ref	元件注释 Comment	封装 Footprint	元件标号 Designator
1	Diode	2CP19×2	SMC	D1
2	Diode	2CP19(不显示)	SMC	D2
3	Res2	Res2(不显示)	AXIAL-0.4	R4,R5,R7
4	Res Adj2	Res Adj2(不显示)	AXIAL-0.6	R6
5	LM358AP	LM358AP	P008	U1B

第 6 章

创建元件集成库

本章主要介绍如何新建原理图库元件和 PCB 库文件,原理图元件编辑器和 PCB 元件编辑器的使用方法,利用向导生成元件 PCB 封装的方法等。

Altium Designer 为用户提供了丰富的元件库,但是在绘制原理图的过程中还是会遇到一些库中查找不到的新元件或特殊元件,这就需要用户自己创建元件。因此 Altium Designer 采用了集成库的概念,可以创建并提供了相应的制作元件的工具,集成库中的器件模型是把器件的各种符号模型文件集成在一起,在集成库中不仅有原理图中代表元件的符号,还集成了在其他文件中所需的相应的模型文件,如 Footprint 封装、电路仿真模块、信号完整性分析模块、3D 模型等。

6.1 创建新的原理图库文件

执行菜单命令【File】→【New】→【Integrated Library】新建一个包装库项目并保存为 Integrated_Library. LibPkg 的包装库项目。执行菜单命令【File】→【New】→【Library】→【Schematic Library】,在包装库项目下打开或新建一个原理图库文件并默认保存为 Schlib1. SchLib,如图 6-1 所示。

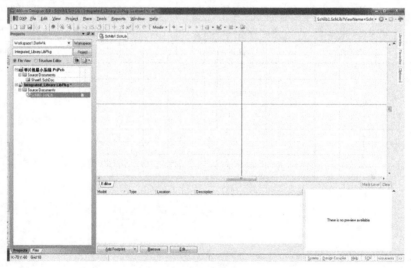

图 6-1 新建原理图库文件

6.1.1 SCH Library 面板

创建好原理图库文件后,就是在原理图库编辑环境中编辑元件了。首先单击如图 6-2 所示的右下角面板标签中的【SCH】按钮或者执行菜单栏【View】→【Workspace Panels】→【SCH】→【SCH Library】,系统会弹出如图 6-3 所示的 SCH Library 对话框。

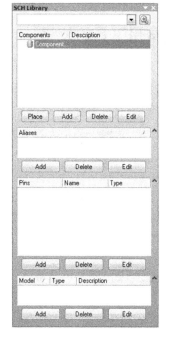

图 6-2　SCH 面板标签　　　图 6-3　SCH Library 对话框

SCH Library 对话框分为如下几个区域。

(1)【Components】列表框

在【Components】元件列表框中列出了当前所打开的原理图元件库文件中的所有库元件,包括原理图符号名称及相应的描述等。其中各按钮的功能如下。

- 【Place】:用于将选定的元件放置到当前原理图中。
- 【Add】:用于在该库文件中添加一个元件。
- 【Delete】:用于删除选定的文件。
- 【Edit】:用于编辑选定文件的属性。

(2)【Aliases】列表框

在【Aliases】列表框中可以为同一个库元件的原理图符号设置别名。例如,有些库元件的功能、封装和引脚形式完全相同,但由于产自不同的厂家,其元件型号并不完全一致。对于这样的库元件,没有必要再单独创建一个原理图符号,只需要为已经创建的其中一个库元件的原理图符号添加一个或者多个别名就可以了。可以进行 Add(添加)、Delete(删除)和 Edit(编辑)别名的操作。

(3)【Pins】列表框

在【Components】列表框中选定一个元件,在【Pins】列表框中会列出该元件的所有引脚信息,包括引脚的编号、名称、类型。可以进行 Add(添加)、Delete(删除)和 Edit(编辑)引脚的操作。

(4)【Model】列表框

在【Components】列表框中选定一个元件,在【Model】列表框中会列出该元件的其他模型信息,包括 PCB 封装、信号完整性分析模型、仿真模型、PCB3D 模型等。可以进行添加(Add)、删除(Delete)和编辑(Edit)操作。

6.1.2 常用工具的使用

对于原理图元件库文件编辑环境中的菜单栏及工具栏,由于部分功能和使用方法与原理图编辑环境中基本一致,在此不再赘述。例如原理图库的元件可以通过原理图元件库中使用工具栏中的绘图工具来绘制,单击如图 6-4 所示的实用工具栏上的 ![] 按钮会弹出如图 6-5 所示绘图工具栏,这些工具中大部分在前面章节已经介绍过了,在这里就不再重复了。

接下来我们对实用工具栏中的 IEEE 符号工具进行简要介绍,具体的操作将在后面的章节中进行介绍。

单击实用工具栏中的 ![] 按钮,弹出相应的 IEEE 符号工具,如图 6-6 所示,是符合 IEEE 标准的一些图形符号。其中各按钮的功能与 Place 菜单中 IEEE Symbols 命令的子菜单中的各命令具有对应关系。

图 6-4 实用工具栏   图 6-5 绘图工具栏   图 6-6 IEEE 符号栏

其中各按钮的功能说明如下。

- ○:放置点状符号。
- ⇐:放置信号左向传输符号。
- ⊳:放置时钟符号。
- ⊣:放置低电平有效输入符号。
- ⌒:放置模拟信号输入符号。
- ✳:放置无逻辑连接符号。
- ⌐:放置延迟输出符号。
- ◇:放置集电极开路符号。
- ▽:放置高阻符号。
- ▷:放置大电流输出符号。

- ⊓ : 放置脉冲符号。
- ⊢ : 放置延时符号。
-] : 放置多条线的组合符号。
- } : 放置二进制组合符号。
- ⊩ : 放置低电平有效输出符号。
- π : 放置 π 符号。
- ≥ : 放置大于等于符号。
- ⊕ : 放置集电极开路正偏符号。
- ▽ : 放置发射极开路符号。
- ⊕ : 放置发射极开路正偏符号。
- ≠ : 放置数字信号输入符号。
- ▷ : 放置反向器符号。
- ⊃ : 放置或门符号。
- ◁▷ : 放置输入、输出符号。
- ⊐ : 放置与门符号。
- ⊅ : 放置异或门符号。
- ⇐ : 放置左移符号。
- ≤ : 放置小于等于符号。
- Σ : 放置求和符号。
- ⊓ : 放置施密特触发输入特性符号。
- ⇒ : 放置右移符号。
- ◇ : 放置开路输出符号。
- ▷ : 放置右向信号传输符号。
- ◁▷ : 放置双向信号传输符号。

6.1.3　制作原理图元件

本小节将通过为新建元件库添加 74LS595 芯片的实例,介绍元件的自定义方法。

1. 编辑环境参数设置

(1) 启动 Altium Designer,打开之前建立好的元件库文件 Schlib1. SchLib,如图 6-1 所示。在工作区右击鼠标,在弹出的右键菜单中选择【Options】→【Document Options】命令,或者单击菜单栏【Tools】→【Document Options】,打开如图 6-7 所示的 Library Editor Workspace 对话框。在【Grids】选项区域内的【Snap】编辑框中输入"1",将对齐网格的边长设置为 1。

其中各项功能如下:

- 【Style】:在下拉列表中选择图纸样式。

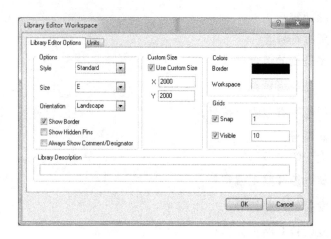

图 6-7 Library Editor Workspace 对话框

- 【Size】:在下拉列表中选择图纸的尺寸。
- 【Orientation】:在下拉列表中选择图纸的方向。其中 Landscape 为横向,Portrait 为纵向。
  - 【Show Border】:设置是否显示边框。
  - 【Show Hidden Pins】:设置隐藏引脚。
  - 【Use Custom Size】:选中该项,可以自定义图纸尺寸。
  - 【Color】:定义图纸边框和工作空间的颜色。
  - 【Grids】:设置栅距(Snap)和是否可见(Visible)。

(2) 单击 Library Editor Workspace 对话框上部的【Unit】选项卡标签,打开如图 6-8 所示的【Unit】选项卡。

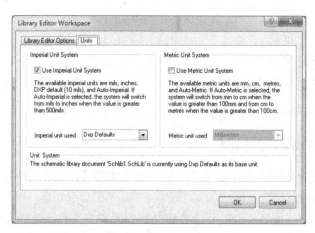

图 6-8 Unit 选项卡

在【Unit】选项卡内,如果勾选【Imperial Unit System】选项区域内的【Use Imperial Unit System】选项框,绘图单位将设置为英制。如果勾选【Metric Unit System】选项区域内的【Use Metric Unit System】选项框,绘图单位将设置为公制。绘图单位一般习惯选择英制。

2. 新建元件

（1）首先在图 6-3 所示的 SCH Library 对话框中的【Components】列表框中添加一个元件，单击【Add】按钮会弹出如图 6-9 所示的对话框，将 Component_2 改为新建的元件的名字，在这里改为 74LS595。

图 6-9　新元件命名对话框

（2）执行菜单命令【Place】→【Rectangle】，或者单击绘图工具栏中的放置矩形按钮 □，单击【Tab】键，打开如图 6-10 所示的 Rectangle 对话框，可对矩形进行属性设置，这里采用默认值。

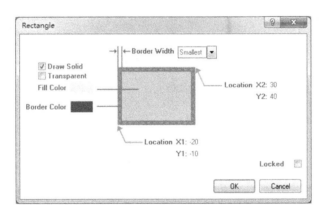

图 6-10　Rectangle 对话框

以原点为左上角，绘制矩形高 120mil，宽 70mil 的矩形，如图 6-11 所示，坐标可以在 Altium Designer 软件左下角 X：Y：处看到。

（3）添加引脚

选择主菜单中的【Place】→【Pins】命令，或者单击绘图工具栏中的放置引脚按钮 ，然后单击【Tab】键，打开如图 6-12 所示的 Pin Properties 对话框。

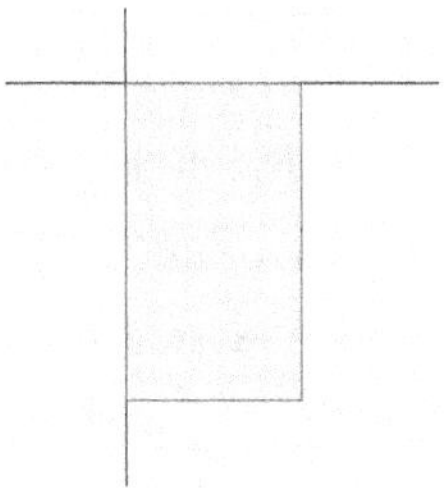

其中各项功能如下：

• 【Display Name】：设置引脚显示名称。如果需要输入的名称上带有一横时，可以在字母后输入 '\' 来实现。例如，在 74LS595 的引脚名称中需要输入 $\overline{OE}$，在编辑框中就要输入 O\E\。

图 6-11　绘制的 74LS595 的方框图

• 【Designator】：设置引脚标号。

• 【Electrical Type】：设置引脚电气类型，如图 6-13 所示，共八个选项，包括 Input（输入引脚）、I/O（输入输出双向引脚）、Output（输出引脚）、Open Collector（集电极开路引脚）、

Passive(无源引脚)、Hiz(三态引脚)、Emitter(发射极引脚)和 Power(电源和接地引脚)。

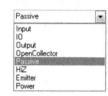

图 6-12　Pin Properties 对话框　　　　　　　图 6-13　引脚电气类型下拉菜单

① 【Description】：设置引脚描述信息。

② 【Hide】：设置是否隐藏引脚,选中表示该引脚隐藏。

③ 【Part Number】：一个元件所包含的子元件数,例如,一个 74LS04 就包含了 6 个子元件。

④ 【Symbols】：设置引脚的输入输出符号。其中：

• Inside 设置引脚在元件内部的表示符号,下拉菜单中共有 12 个选项,包括 No Symbol(无符号)、Postponed Output(延迟输出)、Open Collector(集电极开路)、Hiz(高阻态)、High Current(高电流)、Pulse(脉冲)、Schmitt(施密特触发)、Open Collector Pull Up(集电极开路上拉)、Open Emitter(发射极开路)、Open Emitter Pull Up(发射极开路上拉)、Shift Left(左移)和 Open Out(开路输出)。

• Inside Edge 设置引脚在元件内部边框上的表示符号,下拉菜单中只有 2 个选项分别是 No Symbol(无符号)和 Clock(时钟符号)。

• Outside Edge 设置引脚在元件外部边框上的表示符号,下拉菜单中共有 4 个选项,包括 No Symbol(无符号)、Dot(反相)、Active Low Input(低电平输入)和 Active Low Output(低电平输出)。

• Outside 设置引脚在元件外部的表示符号,下拉菜单中共有 7 个选项,包括 No Symbol(无符号)、Right Left Signal Flow(向左信号流)、Analog Signal In(模拟信号输入)、Not Logic Connection(悬空)、Digital Signal In(数字信号输入)、Left Right Signal Flow(向右信号流)以及 Bidirectional Signal Flow(双向信号流)。

⑤【Location】：设置引脚的坐标位置。

⑥【Length】：设置引脚长度，在本例中可修改成 20mil。

⑦【Orientation】：设置引脚放置方向。

按照如图 6-14 所示，对芯片的每个引脚的名称、编号、类型等进行编辑，在放置引脚的过程中，引脚一端有灰色十叉的一端朝向芯片外面，有文字注释的一端朝向芯片内部，如图 6-15 所示，最后生成如图 6-16 所示的元件。

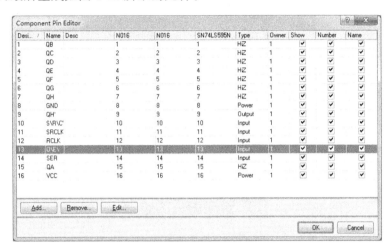

图 6-14　引脚编号，名称及类型等

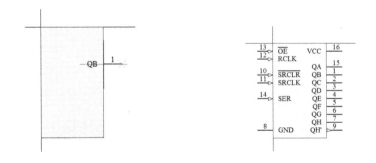

图 6-15　放置引脚时的方向　　　　　图 6-16　生成的 74LS595 芯片

（4）添加模型

引脚添加完毕后，在 SCH Library 对话框中的 Pins 区域，就会显示所有的引脚信息，包括隐藏的引脚，如图 6-17 所示。

（5）编辑元件属性

单击 SCH Library 对话框中 Component 列表栏中的【Edit】按钮，会弹出如图 6-18 所示的对话框。

其中各项功能如下：

• Designator 修改默认的元件编号。在这里修改为 U?，当设置元件的标号以数字结尾时，可以在放置元件时使元件标号自动递增。

• Comment 修改默认的元件注释。本例中修改为 74LS595。

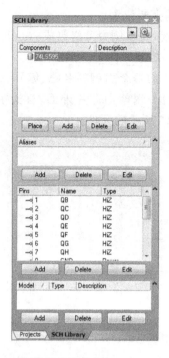

图 6-17　添加引脚完毕后的 SCH Library 对话框

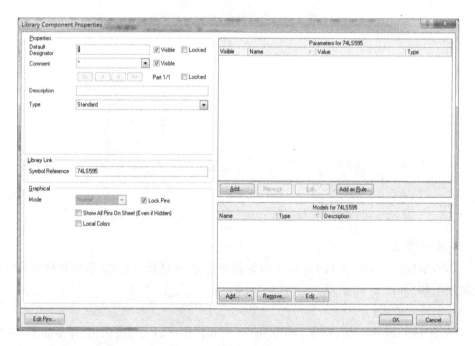

图 6-18　编辑元件属性对话框

（6）添加元件模型

原理图元件绘制完毕后,还应该添加元件封装（Footprint）模型。

单击在 SCH Library 对话框【Model】列表框中的【Add】按钮,系统会弹出添加新模型对话框,如图 6-19 所示。【Model Type】下拉菜单中列出元件的 4 种模型,包括 Footprint(元件封装模型)、Simulation(仿真模型)、PCB 3D(PCB 3D 显示模型)和 Signal Integrity(信号完整性分析模型)。选择 Footprint(元件封装模型),并单击对话框中的【OK】按钮,系统会继续弹出 PCB 模型设置对话框,如图 6-20 所示。

图 6-19　添加新模型对话框　　　　　　　图 6-20　PCB 模型设置对话框

单击图 6-20 所示 PCB 模型设置对话框中的【Browse】按钮,会弹出浏览库文件对话框,如图 6-21 所示。

图 6-21　浏览库文件对话框

单击如图 6-21 所示浏览库文件对话框的 Find... 按钮，会弹出查找元件封装对话框，如图 6-22 所示。通过查找到型号为 N016 的元件封装加载相应的封装库，如图 6-23 所示，选择其中的 TI Logic Register. IntLib 库中的 N016 封装作为 74LS595 原理图的封装模型，单击【OK】按钮，完成原理图元件的绘制过程，如图 6-24 所示。如果知道元件的封装库的名称也可以单击图 6-21 所示浏览库文件对话框中的按钮 ...，会弹出可用的元件库对话框，如图 6-25 所示。单击 Install... 按钮可以直接安装对应的元件封装库，操作同元件库的安装。

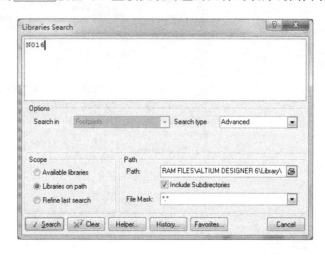

图 6-22　查找元件封装对话框

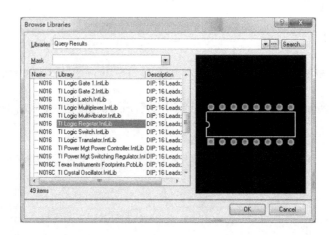

图 6-23　元件封装查找结果

（7）元件自动更新功能

已经放置到原理图中的元件，如果在元件编辑器中进行修改，则需要将修改的结果更新到原理图中。此时执行菜单命令【Tools】→【Update Schematics】即可直接更新。

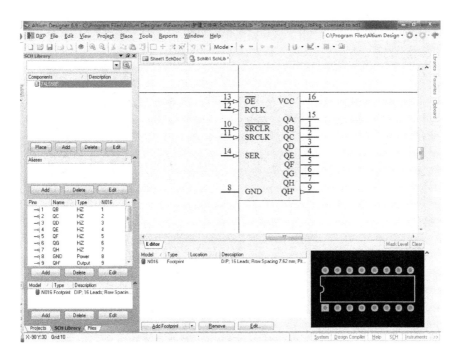

图 6-24　制作好的元件

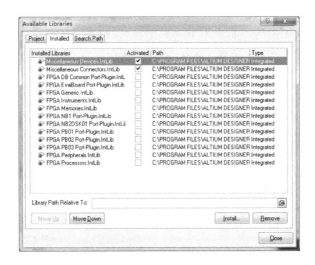

图 6-25　已安装库对话框

6.2　创建 PCB 库文件

执行菜单命令【File】→【New】→【Library】→【PCB Library】新建一个元件封装库文件，如图 6-26 所示，新建立的库默认命名为 PcbLib1.PcbLib。

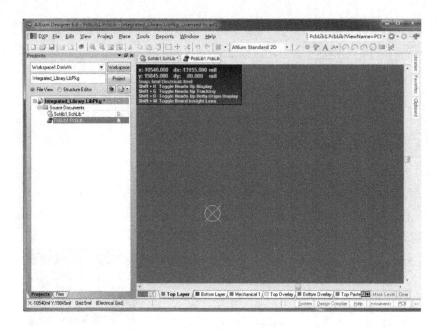

图 6-26　新建一个 PCB 库文件编辑器

6.2.1　PCB Library 面板

在 PCB 库文件中，单击图 6-26 的右下角 PCB 标签，会弹出如图 6-27 所示的 PCB 子菜单。
选择其中的 PCB Library，弹出 PCB Library 对话框，如图 6-28 所示。

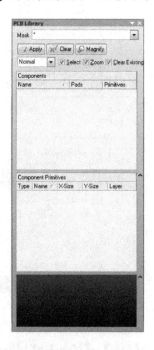

图 6-27　PCB 子菜单　　　　　　图 6-28　PCB Library 对话框

具体功能如下：

（1）Mask 栏：输入查询字符，在元件预览栏中将显示封装名称中包含输入查询字符的所有封装。

（2）元件栏：在 PCB Library 面板中，显示符合 Mask 栏中查询要求的所有封装名称，单击框中的某个封装名称，该封装将会在工作区显示。

（3）焊盘编号列表栏：在元件栏中任选一个元件，就会在该栏中显示出该元件的焊盘的编号。

（4）元件预览栏：在 PCB Library 面板最下面的黑色部分是元件预览部分，任意选中一个元件都可以在该部分看见元件模型。

6.2.2　绘制元件 PCB 封装的工具栏

绘制元件 PCB 封装的工具栏，如图 6-29 所示，工具的使用方法和原理图中的绘图工具作用相似，在这里就不详细介绍了。

6.2.3　制作元件的 PCB 封装模型

（1）新建一个 PCB 封装元件

执行菜单命令【Tools】→【New Black Component】，在 PCB Library 对话框中会显示新建的元件名，如图 6-30 所示。

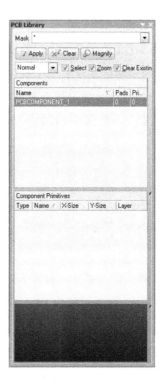

图 6-29　PCB 封装工具栏　　　图 6-30　新建一个 PCB 元件

执行菜单命令【Tools】→【Component Properties】，或者双击新建的元件，会弹出如图 6-31 所示的对话框，在其中修改新建的 PCB 元件名，将【Name】改为 DIP16。

图 6-31　修改新建的 PCB 元件名称

（2）绘制 PCB 元件封装外形图

测量好所绘制的元件的相关尺寸，通过软件正下方的工作层面切换到顶层丝印层（即【TOP-Overlay】层），如图 6-32 所示，并找到原点，执行菜单命令【Place】→【Line】，或者单击工具栏中的　按钮，此时光标会变为"十"字形，移动鼠标指针到合适的位置，单击鼠标确定元件封装外形轮廓的起点，到一定的位置再单击鼠标即放置一条轮廓，以同样的方法将所有的轮廓画完。绘制完成后如图 6-33 所示。

▓ **Top Layer** ▓ Bottom Layer ▓ Mechanical 1 ▓ Top Overlay ▓ Bottom Overlay ▓ Top Paste ▓ Bott▓▶

图 6-32　工作层选择标签

（3）添加焊盘

执行菜单命令【Place】→【Pad】，或者单击绘图工具栏的 ◉ 按钮，此时光标会变成"十"字形，且光标的中间会粘浮着一个焊盘，移动到合适的位置（一般将 1 号焊盘放置在原点附近并改成方形的焊盘），单击鼠标将其定位，并在焊盘编号为 1 的元件轮廓一端放置圆弧，可执行菜单命令【Place】→【Arc】，如图 6-34 所示。

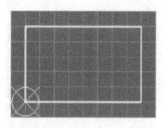

图 6-33　74LS595 封装外形

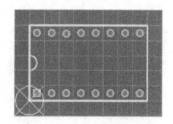

图 6-34　74LS595 封装图

双击焊盘可以弹出焊盘属性对话框，如图 6-35 所示。

其中各项功能如下：

• Designator：焊盘编号。

• Hole Information：设置焊孔。Hole Size，设置焊孔直径；Round，设置焊孔为圆形；Square，设置焊孔为方形；Slot，无焊孔。

图 6-35　设置焊盘属性对话框

• Size and Shape：设置焊盘的形状。Simple，单层设置；Top-Middle-Bottom，三层设置；Full Stack，无设置。X-Size 和 Y-Size，设置焊盘的尺寸；Shape，设置焊盘的形状，一般元件的 1 号焊盘为方形焊盘。

6.2.4　利用向导制作元件 PCB 封装模型

在 Altium Designer 中，提供元器件封装向导功能，允许用户预先定义设计规则，根据这些规则，元器件封装库编辑器可以自动的生成新的元器件封装。

执行命令【Tools】→【Component Wizard…】，会弹出如图 6-36 所示对话框。单击【Next】按钮，会弹出如图 6-37 所示对话框，可在其中选择元件的封装类型，在这里选择 DIP 封装。单击【Next】按钮，会弹出如图 6-38 所示对话框，可在其中设置焊盘的大小、孔径等，在这里采用默认值。单击【Next】按钮，会弹出如图 6-39 所示对话框，可在其中设置相邻焊盘的距离，在这里采用默认值。单击【Next】按钮，会弹出如图 6-40 所示对话框，可在其中设置元件图形标志的线宽，在这里采用默认值。单击【Next】按钮，会弹出如图 6-41 所示对话框，可在其中设置焊盘的个数，在这里修改为 16 个。单击【Next】按钮，会弹出如图 6-42 所示对话框，可在其中设置元件封装的名称，在这里采用默认值。单击【Next】按钮，会弹出如图 6-43 所示对话框，单击【Finish】按钮，设置完成。利用向导生成的元件封装形式如图 6-44 所示。

图 6-36　PCB 生成向导对话框

图 6-37　设置元件外形对话框

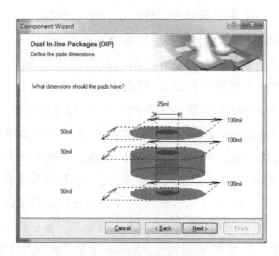

图 6-38　设置焊盘尺寸

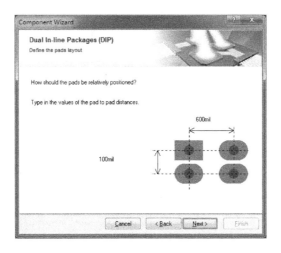

图 6-39 设置相邻焊盘的距离

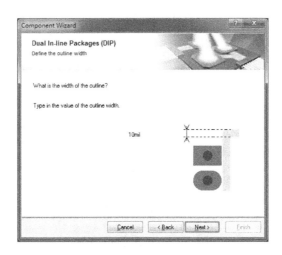

图 6-40 设置元件封装线宽

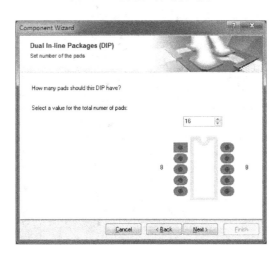

图 6-41 焊盘的个数

图 6-42　元件封装名称

图 6-43　设置完成对话框

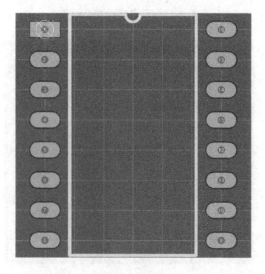

图 6-44　利用向导生成的元件封装

6.3　生成元件集成库

创建好原理图库和 PCB 库文件后,两者是相对分立的文件,使用不太方便,但 Altium Designer 软件可以将分立的元件库制作成元件集成库,方便了元件库的使用和保存。

(1) 首先确定路径,执行菜单命令【Project】→【Project Option】,进入属性对话框,在【Search Paths】标签页面单击 Add ,弹出添加模块路径对话框。单击 ,弹出路径对话框,寻找我们之前做过的库文件,如图 6-45 所示,选择完毕后,单击【Refresh List】按钮。

图 6-45　添加查找路径

(2) 打开我们之前创建的 74LS595 原理图文件,单击 SCH Library 对话框模型栏中的【Add】按钮,会弹出如图 6-46 所示的对话框。在这里选择 Footprint(封装模型),单击【OK】按钮会弹出如图 6-47 所示的对话框。

图 6-46　添加模型类型对话框

（3）单击【Browse】按钮，选择要添加的模型，如图 6-48 所示，这里选择之前利用向导生成的 DIP16。单击【OK】按钮，封装模型已经添加到该元件库中，如图 6-49 所示。单击【OK】按钮，添加完成，如图 6-50 所示。

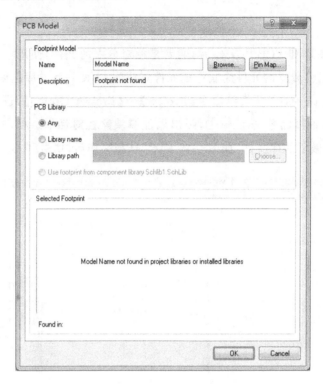

图 6-47　PCB 模型对话框

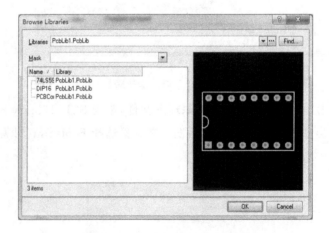

图 6-48　添加 PCB 模型对话框

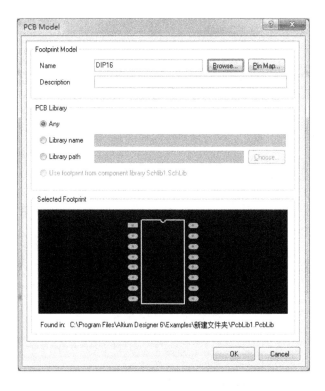

图 6-49 添加模型后的 PCB 模型对话框

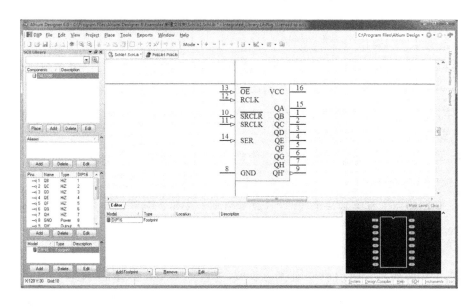

图 6-50 添加结果

（4）执行命令【Project】→【Compile Integrated Library】进行编译，新制作的元件封装形势就添加到新建库中。如图 6-51 所示。同样地，原理图库也可以添加 Simulation 模块和 Signal Integrity 模块，在这里就不详细描述了。

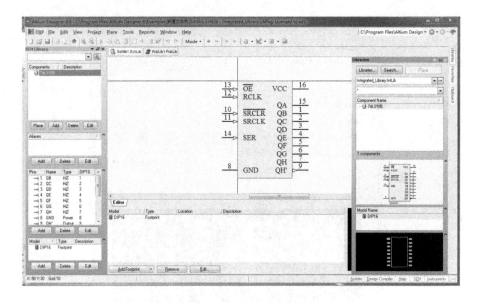

图 6-51　编译结果

6.4　元件制作实例

1. 多子元件的制作

有些集成电路元件内包含了多个子电路模块,如集成电路中的门电路系列。在这些元件中,每个子电路模块有一个单独的元件符号,各个子元件之间通过建立相互的联系而成为一个整体,并且个子电路模块最终属于一个独立的元件封装。此处以包含 4 个与门的 74LS00 为例,介绍多子元件的制作过程。

（1）在之前用户自建原理图库 Schlib1. SchLib 中追加新元件,命名为 74LS00。方法同前面 74LS595 的例子。

（2）利用绘图工具绘制一个与非门,放置引脚 1、2 和 3,将引脚 3 外部边沿设置为 Dot,并隐藏引脚名称,如图 6-52 所示。

（3）为第一个子件添加电源和地。放置引脚 7,名称为 GND;放置引脚 14,名称为 VCC,如图 6-53 所示。将引脚 7 设置为隐藏,连接到 GND;引脚 14 设置为隐藏,连接到 VCC,设置参数如图 6-54 所示,隐藏后的元件与图 6-55 相同,这样第一个子元件创建完毕。

（4）执行菜单命令【Tools】→【New Part】,新建一个子件,可以看到 SCH Library 面板 Component 区域里的 74LS00 左侧出现一个小加号,单击展开,可以看到下面包含了两个子件,如图 6-56 所示。

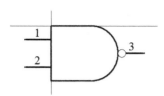

图 6-52 74LS00 第一个子元件

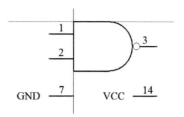

图 6-53 添加了电源和地的元件

图 6-54 隐藏电源和地引脚

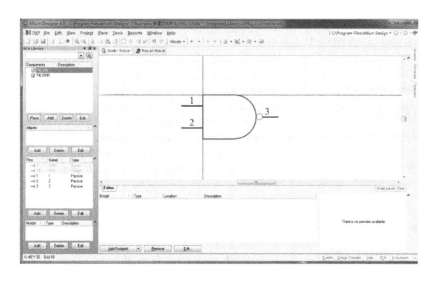

图 6-55 74LS00 的第一个元件

（5）其中 Part A 即为刚才生成的第一个元件。单击 Part A 显示其元件图，选择菜单【View】→【Show Hidden Pins】命令，显示全部内容，选择全部内容，然后选择菜单【Edit】→【Copy】命令。单击 Part B，然后选择菜单【Edit】→【Paste】命令，在合适的位置单击，将 Part A 的元件复制到 Part B 中，将管脚 1、2 和 3 修改为 4、5 和 6，如图 6-57 所示。

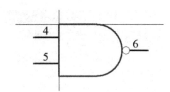

图 6-56　两个子元件　　　　　　　　图 6-57　74LS00 第二个元件

重复上述步骤，一次生成 Part C 和 Part D。最终产生如图 6-58 所示的 74LS00 元件。

（6）添加元件封装模型

单击在 SCH Library 对话框【Model】列表框中的【Add】按钮，系统会弹出添加新模型对话框。选择 Footprint（元件封装模型），并单击对话框中的【OK】按钮，系统会继续弹出 PCB 模型设置对话框。单击 PCB 模型设置对话框中的【Browse】按钮，会弹出浏览库文件对话框。单击浏览库文件对话框的  按钮，会弹出查找元件封装对话框，查找型号为 DIP14 的元件封装，选择其中的 ST Logic Gate.IntLib 库中的 DIP14 封装作为 74LS00 的封装模型，单击【OK】按钮，完成原理图元件的绘制过程。具体操作图和 74LS595 的例子差不多，在这里就不重复了。

2．单片机芯片 STC89C52

在之前用户自建原理图库 Schlib1.SchLib 中追加新元件，命名为 STC89C52。方法同前面 74LS595 的例子。

（1）执行菜单命令【Place】→【Rectangle】，或者单击绘图工具栏中的按钮 □，在工作区十字附近用鼠标拖出一个矩形区域，由于暂不清楚这个区域具体有多大，用户可以根据引脚的数目大体估计一下，开始时可以画得大一些，到后面再修改即可。执行菜单命令【Place】→【Pins】命令，或者单击绘图工具栏中的放置引脚按钮，放置第一个引脚，将此引脚的引脚名和标识符都改为"1"，如图 6-59 所示。

（2）放置完第一个引脚后，可以继续放置剩余的引脚，引脚的引脚名和标识符也会依次递增，但是由于引脚过多，此处我们不采用这种放置方式，而是介绍一种效率更高的"粘贴队列"方式。

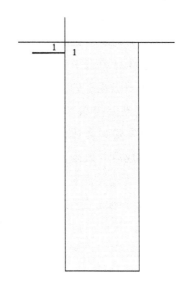

图 6-58 创建完毕的 74LS00 多子元件　　　　图 6-59 放置矩形区域和第一个引脚

① 用鼠标单击刚放置的引脚 1，此引脚即被选中。选择菜单【Edit】→【Copy】命令，此引脚即被复制，然后执行菜单命令【Edit】→【Paste Array】，弹出设定粘贴阵列对话框。STC89C52 共有 40 个引脚，此处要粘贴两排引脚，每排 20 个，因为已经有了一个引脚，故此处设置为 19，主增量和次增量指的是标识符和引脚名的增量，此处均设置为 1，我们要垂直粘贴，间隔为 10mil，故水平设置为 0，垂直设置为 10，设置好的对话框如图 6-60 所示，然后单击【OK】按钮。

② 确定以后鼠标指标会变成"十"字形，在图中适当的位置单击，则 19 个引脚就按照垂直队列的方式粘贴好了。再次选择菜单【Edit】→【Paste Array】命令，在设定粘贴队列对话框中将项目数改成 20，将剩余的 20 个引脚粘贴在适当的位置，粘贴完成的效果如图 6-61 所示。

图 6-60 设定粘贴阵列对话框

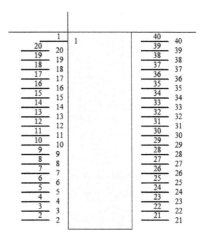

图 6-61 粘贴队列完成效果图

③ 粘贴完成的引脚序号是由下往上排列的,此处我们希望引脚 2~20 由上往下排列,引脚 21~40 排列方向左右翻转,操作方法为:框选引脚 2~20,用鼠标左键点中选中区域不放,鼠标指针变为"十"字形,此时按下键盘上的 Y 键,则选中区域就上下翻转了;若按下键盘上的 X 键,则选中区域左右翻转,将翻转后的引脚放置到合适的位置,同时调整矩形区域的大小,调整完成后的效果如图 6-62 所示。

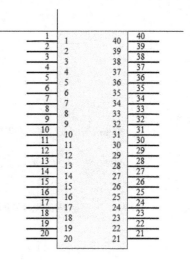

④ 40 个引脚放置完成后,下面要对引脚的设置进行修改,按照芯片手册上的信息对引脚的外形、名称、位置等进行修改。双击引脚可以弹出 Pin Properties 对话框,对引脚属性进行设置。在设置引脚名称时,只要在字母后面加'\',就会在实际打印出的字符上面加上画线,代表低电平触发标记。如果要在多个字母上面加画线,需要在每个字母后面加'\',如图 6-63 所示。

图 6-62 引脚排好序后的元件

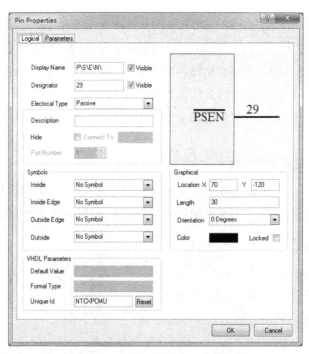

图 6-63 设置为低电平触发标记的引脚

⑤ 打开 Pin Properties 对话框,在设置引脚名称时,在【Symbols】选区域中可以将【Inside Edge】设置成 Clock,就会在引脚根部加上时钟标记,在【Outside Edge】选择 Dot,可以放置取反标记,如图 6-64 所示。其余选项读者可以自己设置,观察一下设置效果。这些设置只影响元件的外形,不影响电路逻辑,只是为了增强原理图的可读性。

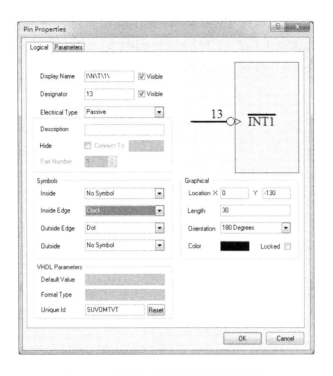

图 6-64　设置了时钟和取反标记的引脚

（3）重新排列引脚和修改完成的元件如图 6-65 所示。

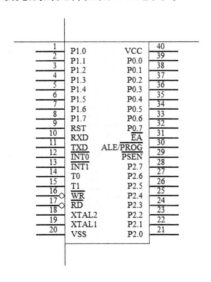

图 6-65　STC89C52 元件

（4）添加元件封装模型

点击在 SCH Library 对话框【Model】列表框中的【Add】按钮，系统会弹出添加新模型对话框。选择 Footprint（元件封装模型），并点击对话框中的【OK】按钮，系统会继续弹出 PCB模型设置对话框。单击 PCB 模型设置对话框中的【Browse】按钮，会弹出浏览库文件对话框。单击浏览库文件对话框的 Find... 按钮，会弹出查找元件封装对话框，查找型号为 PDIP40 的元件封装，选择其中的 ST Microcontroller 8-bit. IntLib 库中的 PDIP40 封装作为 STC89C5 的封装模型，单击【OK】按钮，完成原理图元件的绘制过程。

课 后 习 题

6.1 常见的原理图元件库的创建方法。

6.2 常见的 PCB 库文件的创建方法。

6.3 熟悉原理图元件的绘制方法。

6.4 常见的 PCB 封装模型的两种制作方法。

6.5 新建原理图元件库文件，制作如图 6-66 所示的 AT89S52 元件，新建 PCB 库文件，利用向导制作一个 40 引脚的 PID 封装模型，如图 6-67 所示，并将其添加到自制的 AT89S52 元件中。

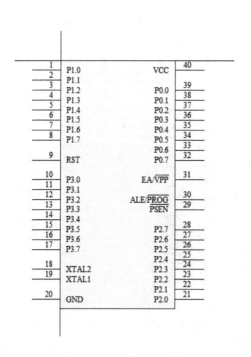

图 6-66　AT89S52 元件

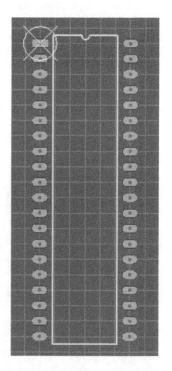

图 6-67　DIP40 封装模型

第 7 章

电路仿真

本章主要介绍 Altium Designer 的仿真电路的设计,仿真元件、仿真信号源以及仿真器的设置,仿真步骤及查看仿真结果等操作。

在完成了电路原理图的设计后,Altium Designer 还可以对设计电路进行仿真分析,来检验设计电路的功能是否能够实现。

在传统的电子设计中,必须搭建成设计的电路来调试和检测电路,无形中增加电路设计者的调试难度,拖慢了设计周期。采用电路仿真可以提高电路设计的质量和可靠性,在计算机上通过软件模拟电路的实际工作过程,并计算出给定条件下电路中各个节点的输出波形,而不需要实际的元件和仪器仪表设备,就可以完成电路性能的分析。Altium Designer 可以在原理图中提供完善的混合信号电路仿真功能,除了对 XSPICE 标准的支持之外,还支持对 SPICE 模型和电路的仿真。Altium Designer 包含了一个数目庞大的仿真库,能很好地满足设计者的要求,允许设计者不必手工添加 D/A 转换器就可以进行数模混合信号的仿真,在电路原理图设计阶段就可以实现对数模混合信号电路的功能设计仿真,配合简单易用的参数配置窗口,完成基于时序、离散度、信噪比等多种数据的分析。

在 Altium Designer 中进行电路仿真十分简单,只需要绘制好仿真原理图,加上激励性信号源,就可以开始进行相应的仿真。仿真电路的规模只受系统仿真能力的限制,如硬件内存的大小等,而仿真器对模拟电路和数字电路的大小规模没有限制。

Altium Designer 具有以下特点:

1. 仿真电路建立及与仿真模型的连接

Altium Designer 中由于采用了集成库技术,原理图符号中即包含了对应的仿真模型,因此原理图即可直接用来作为仿真电路,而 99SE 中的仿真电路则需要另行建立并单独加载各元器件的仿真模型。

2. 外部仿真模型的加入

Altium Designer 中提供了大量的仿真模型,但在实际电路设计中仍然需要补充、完善仿真模型集。一方面,用户可编辑系统自带的仿真模型文件来满足仿真需求。另一方面,用户可以直接将外部标准的仿真模型倒入系统中成为集成库的一部分后即可直接在原理图中进行电路仿真。

3. 仿真功能及参数设置

Altium Designer 的仿真器可以完成各种形式的信号分析,在仿真器的分析设置对话框中,通过全局设置页面,允许用户指定仿真的范围和自动显示仿真的信号。每一项分析类型可以在独立的设置页面内完成。Altium Designer 中允许的分析类型包括交流信号、动态特性、噪声特性、直流交换、傅里叶分析、蒙特卡罗分析、参数和温度扫描等分析内容。

7.1 仿真元件库简介

Altium Designer 提供了 9 种常用的模拟和数字的仿真元件库。这些仿真元件库在 Library/Simulation 目录下,其中常用元件库为 Miscellaneous Devices.IntLib,仿真信号源的库为 Simulation Sources.IntLib,仿真专用函数元件库为 Simulation Special Function.IntLib,仿真数学元件库为 Simulaion Math Function.IntLib,信号仿真传输线元件库为 Simulation Transmission Line.IntLib。

7.2 常用元件库

常用元件库 Miscellaneous Devices.IntLib 中的电阻、电容、电感、振荡器、二极管、三极管等分离元件以及部分集成芯片等都具有仿真属性,如图 7-1 所示,在元件属性对话框中的 Models List 区域中,可以看到一个 Simulation 属性,说明这个元件具备仿真功能,可以直接应用到仿真电路中。

图 7-1 具备仿真功能的元件

下面介绍这些常见的元件的仿真参数设置。

（1）电阻

仿真元件库为用户提供了多种类型的电阻，包括 RES（fixed Resistor）固定电阻，RES SEMI（Semiconductor Resistor）半导体电阻和 Res Tap（Tapped Resistor）电位器。一般搜索 Res 即可，如图 7-2 所示。

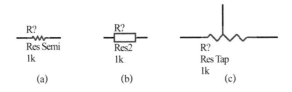

图 7-2　三种常见的电阻符号

RES（fixed Resistor）固定电阻也就是阻值固定的电阻。打开固定电阻的属性对话框，如图 7-1 所示。双击 Models 区域中的 Simulation 属性，在弹出的对话框中选择 Parameter 选项卡，弹出如图 7-3 所示的对话框。在这个标签页中，只有一个参数设置框：Value（电阻的阻值）。设置好阻值后，单击【OK】按钮返回即可设置完毕。

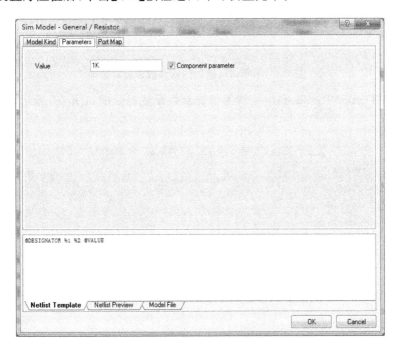

图 7-3　电阻仿真参数设置对话框

电阻 RES SEMI（Semiconductor Resistor）半导体电阻的阻值由他的长度、宽度及环境温度共同决定，如图 7-4 所示，所以半导体电阻的仿真属性对话框中的设置内容包括以下几项。

• 【Value】：电阻阻值，如果此项设定了具体的阻值，则不再使用几何函数模型来确定电阻值。

- 【Length】：电阻的长度。
- 【Width】：电阻的宽度。
- 【Temperature】：电阻的工作温度，默认值为 27℃。

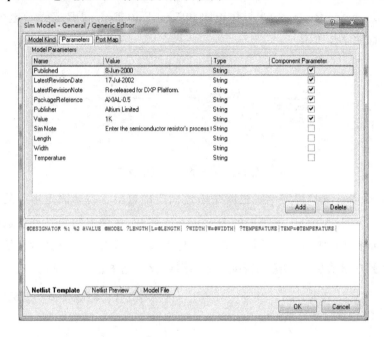

图 7-4 半导体电阻的仿真参数设置对话框

Res Tap(Tapped Resistor)电位器的仿真参数设置对话框如图 7-5 所示，设置内容包括以下两项。

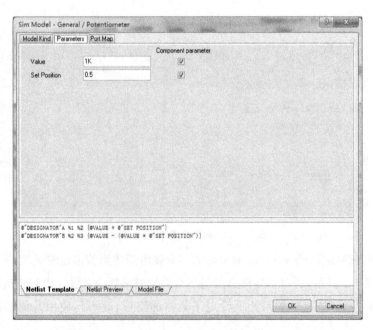

图 7-5 电位器的仿真参数设置对话框

- 【Value】：电位器的固定阻值。
- 【Set Position】：可调电阻系数。

电位器的实际阻值为 Value 数值与 Set Position 数值的乘积。

（2）电容

仿真元件库中的常用的电容有三种类型：Cap（Capacitor）无极性的固定容值的电容、Cap Pol（Polarized Capacitor）有极性的固定容值的电容、Cap Semi（Semiconductor Capacitor）半导体电容，一般搜索 cap 即可，如图 7-6 所示。

图 7-6　三种常见的电容符号

无极性电容的参数设置对话框如图 7-7 所示。设置内容包括以下两项。

- 【Value】：电容值。
- 【Initial Voltage】：电路初始工作时电容两端的电压，一般默认为 0 V。

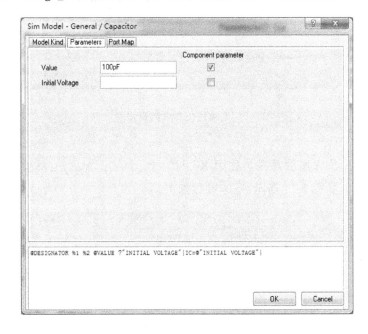

图 7-7　电容的仿真参数设置对话框

（3）电感

仿真元件库中的常用的电感有两种类型：Inductor 无铁芯电感和 Inductor Iron 有铁芯电感。如图 7-8 所示。

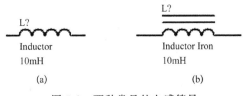

图 7-8　两种常见的电感符号

两种电感在特性上与电容参数基本相同,如图 7-9 所示,两个基本参数如下。

- 【Value】:电感值。
- 【Initial Current】:电路初始工作时电感两端的电流,一般默认为 0 A。

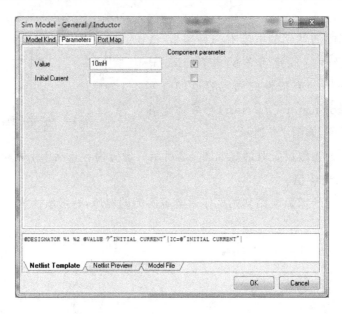

图 7-9　电感的仿真参数设置对话框

(4) 晶振

仿真元件库中的常用的晶振名称为 XTAL。如图 7-10 所示,它的仿真参数设置对话框如图 7-11 所示,基本参数如下。

图 7-10　晶振

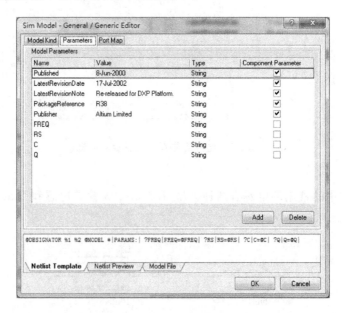

图 7-11　晶振的仿真参数设置对话框

- FREQ：设置振荡频率，如果文档内为空，则系统默认为 2.5 MHz。
- RS：设置晶振的串联电阻。
- C：设置晶振的等效电容。
- Q：设置晶振的品质因数。

（5）二极管

仿真元件库中的常用的二极管有三种类型：普通二极管、发光二极管、稳压二极管、变容二极管和肖特基二极管，如图 7-12 所示。

（a）普通二极管　（b）发光二极管　（c）稳压二极管　（d）变容二极管　（e）肖特基二极管

图 7-12　五种常见的二极管

二极管的参数设置对话框如图 7-13 所示。设置内容基本包括以下四项。

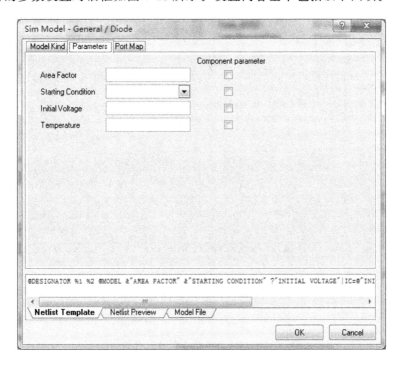

图 7-13　二极管的仿真参数设置对话框

- Area Factor：二极管元件的面积因子。
- Starting Condition：二极管的初始条件，在静态工作点分析时，选择 OFF，表示仿真开始时二极管的初始电压为 0 V。

- Initial Voltage：仿真开始时二极管的初始电压值，通常进行动态分析时设置此参数。

- Temperature：二极管的工作温度，默认为 27℃。

（6）三极管

仿真元件库中的常用的三极管有两种类型：NPN 型三极管和 PNP 型三极管，如图 7-14 所示。

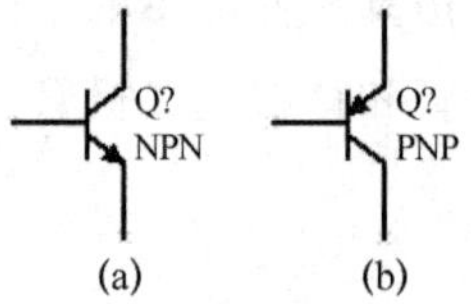

三极管的参数设置和二极管有些相似，对话框如图 7-15 所示。它的参数设置如下。

- Area Factor：三极管元件的面积因子。

- Starting Condition：三极管的初始条件，在静态工作点分析时，选择 OFF，表示仿真开始时三极管的初始电压为 0V。

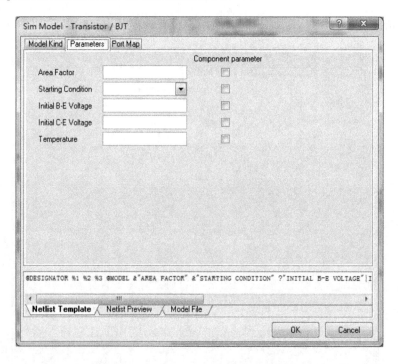

图 7-14　两种三极管的符号

- Initial B-E Voltage：仿真开始时三极管的 BE 端初始电压值。

- Initial C-E Voltage：仿真开始时三极管的 CE 端初始电压值。

- Temperature：三极管的工作温度，默认为 27℃。

图 7-15　三极管的仿真参数设置对话框

（7）JFET 场效应管

仿真元件库中的常用的 JFET 场效应管有两种类型：JFET-N 和 JFET-P，如图 7-16 所示。

JFET 的参数设置对话框如图 7-17 所示。它的参数设置和三极管参数设置基本相同，这里不再赘述。

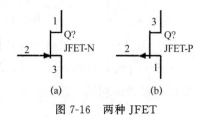

图 7-16　两种 JFET

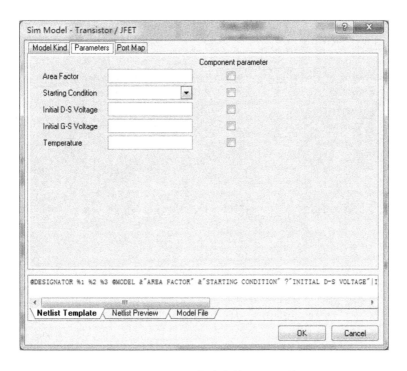

图 7-17　JFET 的仿真参数设置对话框

（8）MOS 场效应管

MOS 场效应管是现代集成电路中常用的器件，仿真元件库提供了多种 MOSFET 模型，它们的伏安特性公式各不相同，但是基于的物理模型是相同的，如图 7-18 所示。

MOS 场效应管的参数设置对话框如图 7-19
所示，它的参数设置如下。

* Length：可在该文本框中输入沟道长度。

* Width：可在该文本框中输入沟道宽度。

* Drain Area：在该文本框中输入漏区
面积。

* Source Area：在该文本框中输入源区
面积。

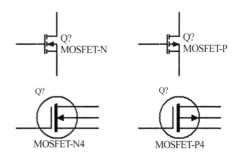

图 7-18　MOS 场效应管

* NRD：漏极的相对电阻率的方块数。

* NRS：源极的相对电阻率的方块数。

* Starting Condition：MOS 场效应管的初始条件，在静态工作点分析时，选择 OFF。

* Initial D-S Voltage：仿真开始时 DS 端初始电压值。

* Initial G-S Voltage：仿真开始时 GS 端初始电压值。

* Initial B-S Voltage：仿真开始时 BS 端初始电压值。

* Temperature：工作温度，默认为 27℃。

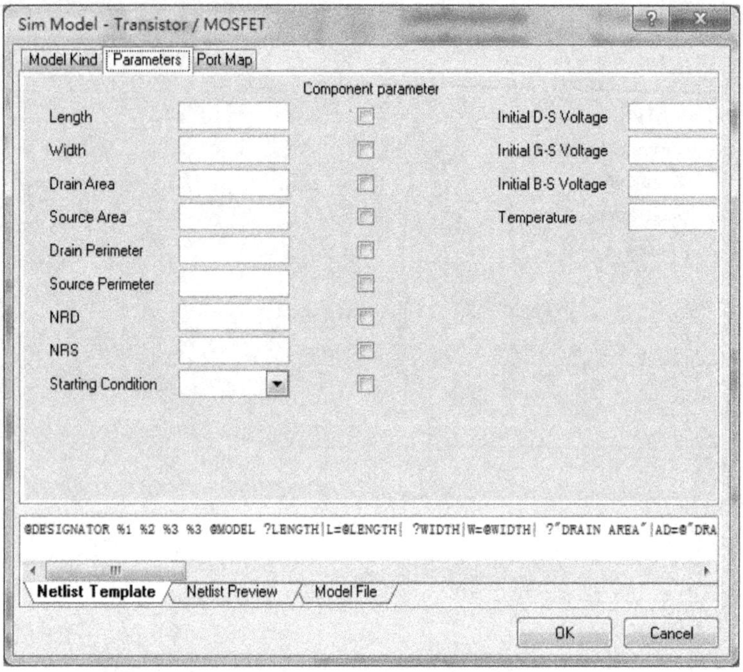

图 7-19　MOS 场效应管的仿真参数设置对话框

7.3　仿真信号源

进行电路仿真时,需要对绘制好的电路原理图放置仿真信号源,电路才能正常工作,仿真信号源相当于实验室中使用的信号源和电源。要放置仿真信号源之前,先要安装仿真信号源的库文件 Simulation Sources. IntLib,安装库文件的方法在前面章节介绍过,在这里就不重复了。下面介绍常用的仿真信号源及其参数设置。

(1) 直流信号源

直流信号源有直流电压源(VSRC)和直流电流源(ISRC)两种,如图 7-20 所示。两种直流信号源分别输出恒定电压和恒定电流。直流信号源为电路提供稳定不变的直流电压或直流电流。

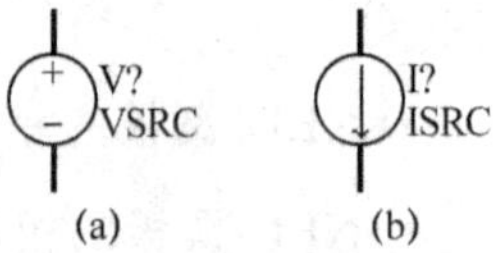

图 7-20　直流信号源

在 Simulation Sources. IntLib 库中,选择相应的直流信号源元件名称,并将其放置到图纸上,双击该仿真信号源符号,系统自动弹出直流信号源属性设置对话框,如图 7-21 所示。在对话框的右下角 Models 区域中,双击 Simulation 选项,即可弹出仿真对话框并选择 Parameters 标签,如图 7-22 所示。它的参数设置如下。

• Value:直流信号源的电压或电流。

- AC Magnitude：交流小信号分析电压值。
- AC Phase：交流小信号分析时的电压相位，一般默认为 0。

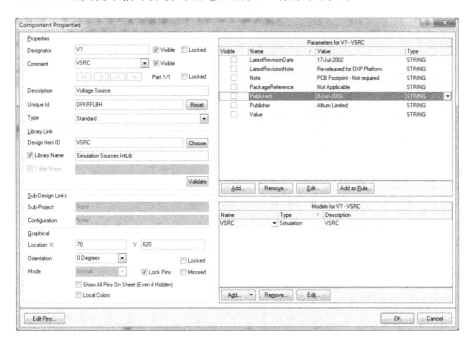

图 7-21　Component Properties 对话框

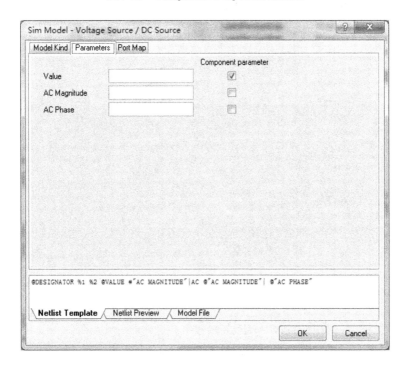

图 7-22　直流电压源参数设置对话框

（2）交流信号源

交流信号源有 VSIN 交流电压源和 ISIN 交流电流源两种。如图 7-23 所示。两种交流信号源分别输出交流电压和交流电流。交流信号源为电路提供一个具有固定频率的交流电压或电流。

采用与直流信号源相同的方法，可以打开交流信号源参数设置对话框，如图 7-24 所示。它的参数设置如下。

图 7-23　交流信号源

• DC Magnitude：直流参数。默认值为 0，一般不需要修改。

• AC Magnitude：交流小信号分析时，可以设置此项，默认为 1。

• AC Phase：设置交流小信号分析的初始电压或电流相位。

• Offset：交流信号源的直流偏置。

• Amplitude：交流信号源的幅值。

• Frequency：交流信号源的频率。

• Delay：交流信号源的延迟时间。

• Damping Factor：交流信号源的衰减系数，正值表明衰减，负值表明增大，默认为 0，表示输出等幅波。

• Phase：交流仿真信号源的初始相位。

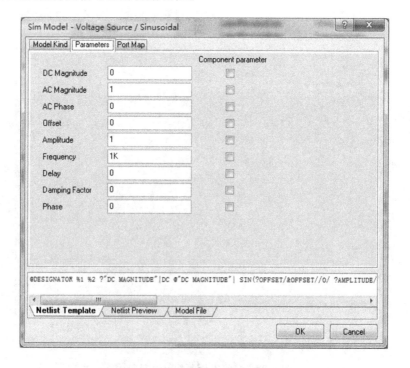

图 7-24　交流信号源参数设置对话框

（3）周期性脉冲信号源

周期性脉冲信号源有 VPULSE 脉冲电压源和 IPULSE 脉冲电流源两种类型，如图 7-25 所示。周期性脉冲信号源为电路提供一个周期性的连续脉冲电压或电流。

周期性脉冲信号源参数设置对话框，如图 7-26 所示。它的参数设置如下。

• DC Magnitude：直流参数。

• AC Magnitude：交流小信号分析时，可以设置此项，默认为 1。

图 7-25 周期性脉冲信号源

• AC Phase：设置交流小信号分析的初始电压或电流相位。

• Initial Value：设置周期性脉冲信号源的初始电压或电流值。

• Pulsed Value：设置周期性脉冲信号源的信号幅度。

• Time Delay：设置周期性脉冲信号源的延迟时间。

• Rise Time：设置周期性脉冲信号源的上升时间。

• Fall Time：设置周期性脉冲信号源的下降时间。

• Pulse Width：设置周期性脉冲信号源的脉冲宽度。

• Period：设置周期性脉冲信号源的脉冲周期。

• Phase：设置周期性脉冲信号源的初始相位。

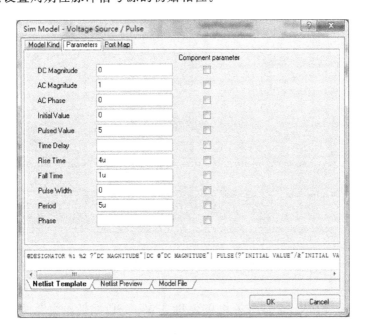

图 7-26 周期性脉冲信号源参数设置对话框

（4）指数激励信号源

指数激励信号源有 VEXP 指数电压源和 IEXP 指数电流源两种类型，如图 7-27 所示。指数激励信号源为电路提供一个带有指数上升或下降的脉冲电压或电流。

指数激励信号源参数设置对话框，如图 7-28 所示。它的参数设置如下。

图 7-27　指数激励信号源

- DC Magnitude：直流参数。
- AC Magnitude：交流小信号分析时，可以设置此项，默认为 1。
- AC Phase：设置交流小信号分析的初始电压或电流相位。
- Initial Value：设置指数激励信号源的初始电压或电流值。
- Pulsed Value：设置指数激励信号源的信号幅度。
- Rise Delay Time：设置指数激励信号源从初始值向脉冲值变化前的延迟时间。
- Rise Time Constant：电压或电流上升时间，必须大于 0。
- Fall Delay Time：设置指数激励信号源从脉冲值向初始值变化前的延迟时间。
- Fall Time Constant：电压或电流下降时间，必须大于 0。

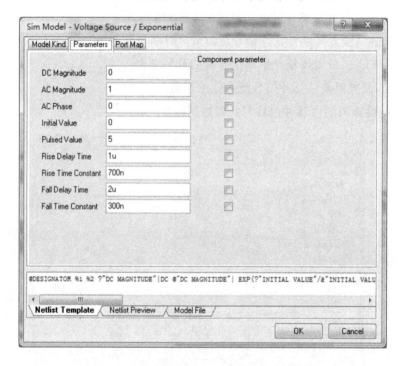

图 7-28　指数激励信号源参数设置对话框

（5）分段线性源

分段线性源有 VPWL 分段线性电压源和 IPWL 分段线性电流源两种类型，如图 7-29 所示。分段线性源为电路提供一个具有任意形状的波形。

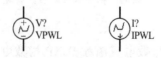

图 7-29　指数激励信号源

分段线性源参数设置对话框,如图 7-30 所示。它的参数设置如下。

• DC Magnitude:分段线性源的直流参数,一般默认为 0。

• AC Magnitude:交流小信号分析电压值,一般默认为 1。

• AC Phase:交流小信号分析时的初始相位,一般默认为 0。

• Time/Value Pairs:时间幅值参数框。可以设置多对数据,不同的时间,信号源的幅值可以设定不同。

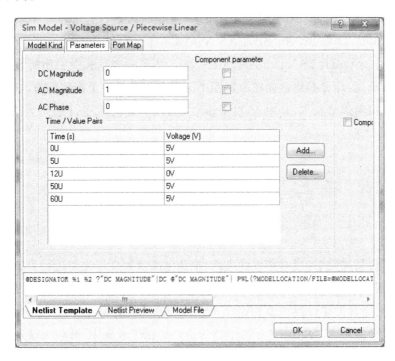

图 7-30　分段线性源参数设置对话框

（6）线性受控源

线性受控源有四种类型,分别是:ESRC 线性电压控制电压源、HSRC 线性电流控制电压源、GSRC 线性电压控制电流源和 FSRC 线性电流控制电流源,如图 7-31 所示。线性受控源是由两个输入端和两个输出端构成,输出端的电压或电流是输入端的电压或电流的线性函数,一般由源的增益、跨导等决定。

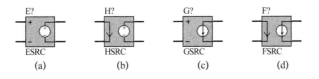

图 7-31　线性受控源

线性受控源的参数设置如下:

Gain:增益,如果是 GSUC,则表示互导;如果是 ESRC,则表示为电压增益系数;如果是

FSRC,则表示为电流增益系数;如果是 HSRC,则表示为互阻。

（7）非线性受控源

非线性受控源有 BVSRC 非线性受控电压源和 BISRC 非线性受控电流源两种类型,如图 7-32 所示。非线性受控源通常被称为方程定义源,因为它的输出由线性受控源参数设置界面定义函数属性时输入的方程式定义,可以使用标准函数来定义一个表达式,在表达式中包含以下的一些标准函数:

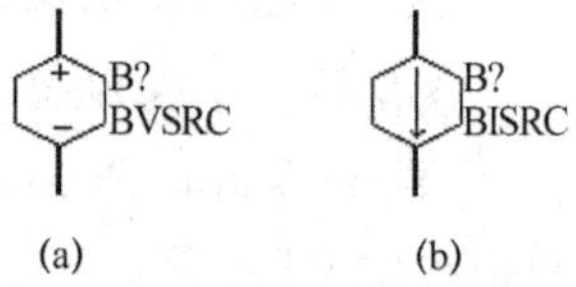

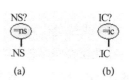

图 7-32　非线性受控源

ABS、LN、SQRT、LOG、EXP、SIN、ASIN、ASINH、COS、ACOS、ACOSH、COSH、TAN、ATAN、ATANH。为了在表达式中引用所设计的电路中的节点电压或电流,设计者必须首先在原理图中为该节点定义一个网络标号,这样设计者就可以使用语法来引用该节点了,其中 V 表示该节点 NET 处的电压,I 表示该节点 NET 处的电流。

7.4　设置仿真初始状态

在原理图仿真过程中,当对非线性电路、振荡电路及触发器电路进行直流或瞬态特性分析时,常会出现解的不收敛现象,表现为无仿真结果。当然实际电路是有解的,为了解决电路的收敛问题,通常需要设置仿真初始状态。Altium Designer 提供了初始状态设置元件,它们和仿真信号源一样,存在于 Simulation Sources.IntLib 库中,分别为节点电压设置元件(.NS)和初始条件设置元件(.IC),如图 7-33 所示。

1. 节点电压设置 NS

节点电压设置元件的作用是为仿真电路原理图中指定的节点设置初始电压,仿真器根据这些节点电压求得直流或瞬态的初始解。节点电压设置对于双稳态或非稳态电路的瞬态分析是必须的,它可以使电路摆脱停顿状态而进入所希望的状态。

图 7-33　节点电压设置元件

与仿真信号源的仿真参数设置方法相同,用户可以打开节点电压设置元件的仿真参数设置对话框,如图 7-34 所示。可以在 Initial Voltage 中设置初始电压 。

2. 初始条件设置 IC

初始条件设置元件的作用是为仿真电路的瞬态分析设置初始条件,仿真器会根据这个设置的初始条件进行具体的仿真分析,从而得到相应的仿真结果。

初始条件设置元件的仿真参数设置对话框与节点电压设置元件的仿真参数设置对话框相同,如图 7-32 所示。如果两个初始状态都设置的话,分析过程中优先考虑 IC 设置,然后考虑 NS 设置。

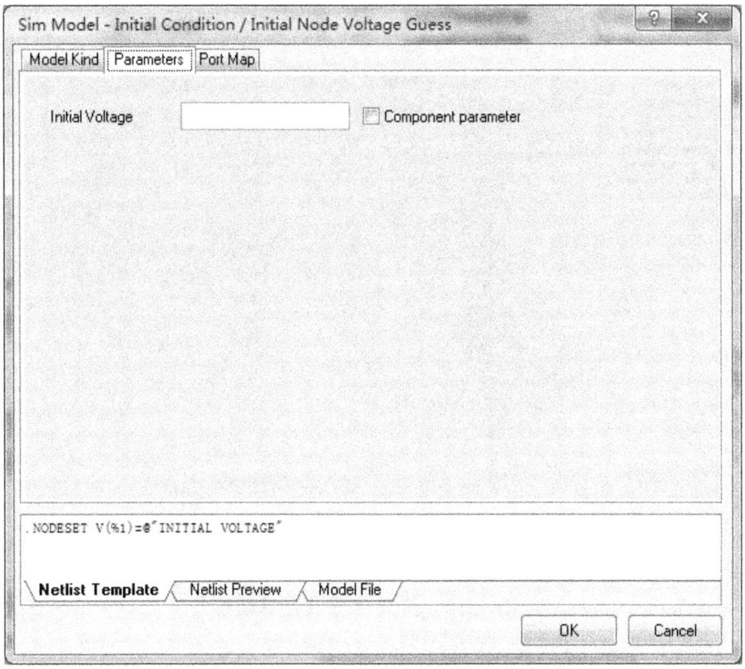

图 7-34　节点电压设置元件的仿真参数设置对话框

7.5　仿真分析类型及参数设置

在原理图仿真分析之前,应选择合适的仿真分析类型,并进行合理的参数设置,和仿真结果的显示。

执行菜单命令【Design】→【Simulate】→【Mixed Sim】,或单击仿真工具栏中的图标 ,可以打开仿真设置对话框,如图 7-35 所示。

在仿真分析设置对话框左边的 Analyses/Options 栏中可以选择仿真方式。它有两类选项。

- General Setup:仿真方式常规设置。
- Advanced Options:仿真方式高级设置。

其中 General Setup 栏内是仿真分析中一般的仿真设置。其中包括:

- Operating Point Analysis:工作点分析。
- Transient Analysis:瞬态/傅里叶分析。
- DC Sweep Analysis:直流扫描分析。
- AC Small Signal Analysis:交流小信号分析。

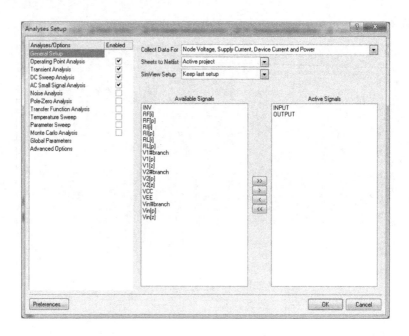

图 7-35　仿真分析设置对话框

- Noise Analysis：噪声分析。

- Pole-Zero Analysis：极点-零点分析。

- Transfer Function Analysis：传递函数分析。

- Temperature Sweep：温度扫描分析。

- Parameter Sweep：参数扫描分析。

- Monte Carlo Analysis：蒙特卡罗分析。

7.5.1　常规设置

单击仿真分析设置对话框左边的 Analyses/Options 栏中的 General Setup 标签后，可在右边进行常规参数设置，如图 7-35 所示，主要设置内容如下。

（1）Collect Data For：设置仿真程序需要计算、保存的仿真节点数据类型，如图 7-36 所示，该下拉列表共有 5 个选项，分别如下。

- Node Voltage and Supply Current：保存节点电压和仿真电源的电流。

- Node Voltage，Supply and Device Current：保存节点电压、仿真电源和仿真元件的电流。

- Node Voltage，Supply Current，Device Current and Power：保存节点电压、仿真电源电流、仿真元件的电流和消耗的功率。

- Node Voltage，Supply Current and Subcircuit VARs：保存节点电压、仿真电源电流和支路上各电压和电流。

- Active Signals：保存所有 Active Signals 列表中的仿真数据。

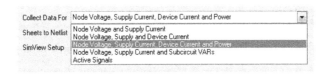

图 7-36 Collect Data For 下拉菜单

（2）Sheets to Netlist：设置仿真程序的仿真范围。如图 7-37 所示，该下拉列表共有 2 个选项，分别如下。

- Active sheet：仿真程序的作用范围是当前原理图。
- Active project：仿真程序的作用范围是当前整个工程。

（3）SimView Setup：设置仿真输出的显示结果。如图 7-38 所示，该下拉列表共有 2 个选项，分别如下。

- Keep last setup：保持上一次仿真操作的设置显示仿真结果，而不管当前激活的信号列表的设置。
- Show active signals：按照 Active Signals 列表中的激活信号显示仿真结果。

图 7-37 Sheets to Netlist 下拉菜单   图 7-38 SimView Setup 下拉菜单

（4）Available Signals：列出所有可以仿真输出的信号变量。

（5）Active Signals：在仿真过程中显示仿真结果的信号变量，如图 7-39 所示。双击列表框中的某个变量会将这个变量从当前列表框移动到另一个列表框，或者通过中间的 ≪ ＜ ＞ ≫ 按钮实现信号变量的移动。将需要查看仿真结果的信号变量从左边框移动到右边框中即可。

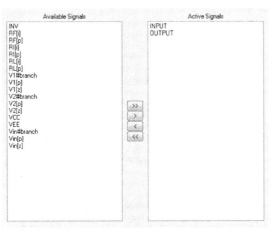

图 7-39 仿真信号变量设置

7.5.2　工作点分析

工作点分析(Operation Point Analysis)是直流工作点分析,主要是针对模拟放大电路提出,在电感短路、电容开路的情况下,计算放大电路的静态工作点时使用。使用时没有可设置内容,在 Analyses/Options 栏中勾选 Operation Point Analysis 即可。

7.5.3　瞬态/傅里叶分析

瞬态分析(Transient Analysis)是仿真中最基本最常用的仿真分析方式,属于时域分析。通过瞬态分析可以得到电路中各节点、支路电流和功率等参数随时间变化的曲线,得到的仿真结果类似示波器的效果。在 Analyses/Options 栏中单击并勾选 Transient Analysis,在如图 7-40 所示的瞬态/傅里叶分析参数设置对话框中进行瞬态分析参数设置,主要内容如下。

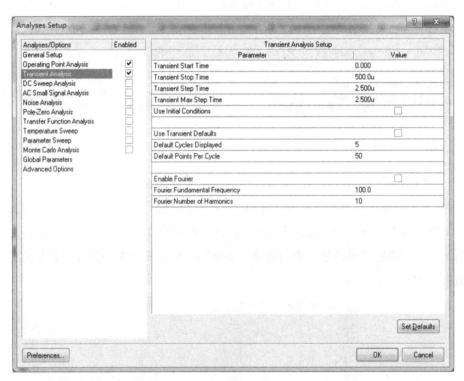

图 7-40　瞬态/傅里叶分析参数设置对话框

(1) Transient Start Time:分析时设置的时间间隔的起始值。

(2) Transient Stop Time:分析时设置的时间间隔的结束值,系统只对起始时间到结束时间之间的分析结果进行保存并显示。

(3) Transient Step Time:分析时设置的时间增量值。

(4) Transient Max Step Time:时间增量的最大值,一般和 Transient Step Time 相同。

(5) Use Initial Conditions:选中此项,则瞬态分析时采用预先设置的初始条件,而不进行直流工作点分析。不选此项，则系统会自动运行直流工作点分析，并将分析结果作为瞬态分析的初始条件。

（6）Use Transient Defaults：使用默认设置。

（7）Default Cycles Displayed：默认显示的正弦波的周期数量。

（8）Default Points Per Cycle：每个正弦波周期内显示数据点的数量，数量越多，曲线越光滑。

傅里叶分析（Fourier Analysis）是瞬态分析的一部分，属于频域分析，主要用于获得非正弦信号的频谱。通过对瞬态分析过程中最后一个周期的数据进行傅里叶分析，可以得到直流分量、基波以及各次谐波。在如图 7-38 所示的瞬态/傅里叶分析参数设置对话框中进行傅里叶分析参数设置，主要内容如下。

（9）Enable Fourier：设置在瞬态分析中是否进行傅里叶分析。

（10）Fourier Fundamental Frequency：设置傅里叶分析的基波频率。

（11）Fourier Number of Harmonics：设置傅里叶分析的最大谐波次数，通常设为 10。

7.5.4 直流扫描分析

直流扫描分析（DC Sweep Analysis）是指在指定的范围内对电源电压或电流进行扫描，当电源电压或电流变化时，对各节点电压或支路电流进行仿真测试，从而得到输出曲线。在 Analyses/Options 栏中单击并勾选 DC Sweep Analysis，在如图 7-41 所示的直流扫描分析参数设置对话框中进行参数设置，主要内容如下。

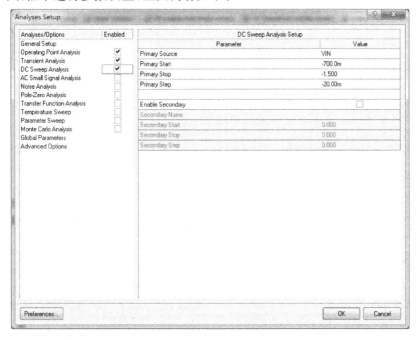

图 7-41 直流扫描分析参数设置对话框

（1）Primary Source：选择要进行直流扫描分析的独立主电源。

（2）Primary Start：主电源起始电压值。

（3）Primary Stop：主电源终止电压值。

（4）Primary Step：在扫描范围内的增量值。

（5）Enable Secondary：设置是否选择辅助扫描电源。如果选择辅助扫描电源，则辅助电源值变化一次，主电源扫描整个范围。

（6）Secondary Name：辅助电源的名称。

（7）Secondary Start：辅助电源起始电压值。

（8）Secondary Stop：辅助电源终止电压值。

（9）Secondary Step：在扫描范围内的增量值。

7.5.5　交流小信号分析

交流小信号分析（AC Small Signal Analysis）用来测试输入信号频率变化时，输出信号的振幅，相位等随频率变化的关系，常用来测试放大器或滤波器的幅频特性和相频特性等。交流小信号分析属于频域分析，是一种很常用的分析方法。在 Analyses/Options 栏中单击并勾选 AC Small Signal Analysis，在如图 7-42 所示的交流小信号分析参数设置对话框中进行参数设置，主要内容如下。

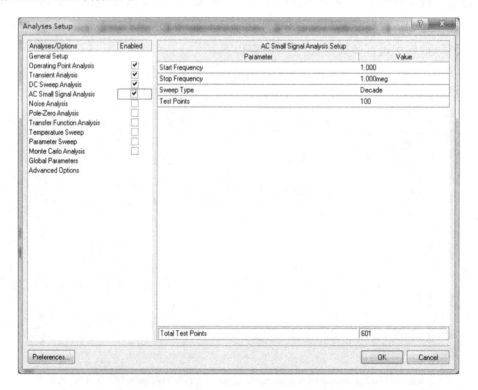

图 7-42　交流小信号分析参数设置对话框

（1）Start Frequency：设置交流小信号分析的扫描起始频率。

（2）Stop Frequency：设置交流小信号分析的扫描终止频率。

（3）Sweep Type：设置交流小信号分析的扫描方式，下拉菜单中列出了 3 种扫描方式：Linear(线性扫描方式)、Decade(对数扫描方式)和 Octave(8 倍频扫描方式)。

（4）Test Points：设置交流小信号分析测试点的数目。测试点越多，精度越高。

（5）Total Test Points：显示全部测试点的数目。

7.5.6　噪声分析

噪声分析(Noise Analysis)是与交流小信号一起进行的，噪声分析利用噪声谱密度测量由电阻和半导体器件的噪声产生的影响。在交流小信号分析的每个频率上计算出的相应的噪声，并传送到输出节点，并将传送到该节点的噪声进行均方根叠加，就得到该节点的等效噪声。同时可以计算从输入端到输出端的电压(电流)增益，通过输出噪声和增益就可以得到等效输入噪声。在 Analyses/Options 栏中单击并勾选 Noise Analysis，在如图 7-43 所示的噪声分析参数设置对话框中进行参数设置，主要内容如下。

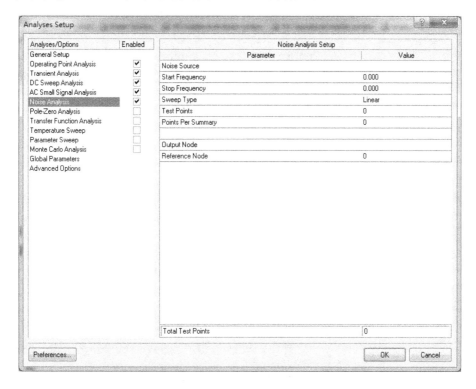

图 7-43　噪声分析参数设置对话框

（1）Noise Source：设置噪声分析时的噪声信号源，下拉列表中列出了仿真原理图中的所有噪声信号源。

（2）Start Frequency：设置噪声分析的扫描起始频率。

（3）Stop Frequency：设置噪声分析的扫描终止频率。

(4) Sweep Type：设置噪声分析的扫描类型，下拉菜单中列出了 3 种扫描方式：Linear（线性扫描方式）、Decade（对数扫描方式）和 Octave（8 倍频扫描方式）。

(5) Test Points：设置噪声分析测试点的数目。测试点越多，精度越高。

(6) Points Per Summary：设置在定义的频率范围内进行噪声分析时的扫描点数。

(7) Output Node：设置噪声输出节点。

(8) Reference Node：设置噪声参考节点，默认值为 0，表示以接地点为参考节点。

(9) Total Test Points：显示全部测试点的数目。

7.5.7 极点-零点分析

极点-零点分析（Pole-Zero Analysis）是通过计算电路中的交流小信号传递函数的极点或零点，来确定单输入/输出系统的稳定性。在 Analyses/Options 栏中单击并勾选 Pole-Zero Analysis，在如图 7-44 所示的极点-零点分析参数设置对话框中进行参数设置，主要内容如下。

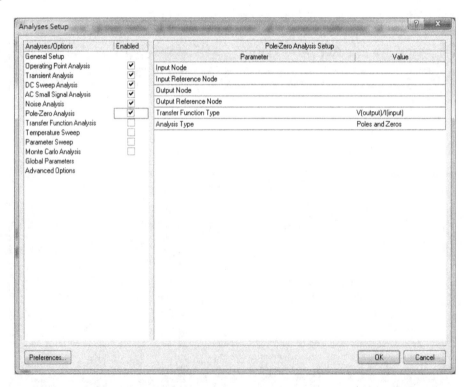

图 7-44　极点-零点分析参数设置对话框

(1) Input Node：设置输入节点。

(2) Input Reference Node：设置输入端的参考节点，默认为 0（GND）。

(3) Output Node：设置输出节点。

(4) Output Reference Node：设置输出端的参考节点，默认为 0（GND）。

(5) Transfer Function Type：设置交流小信号传递函数的类型，下拉菜单中列出了 2 种传递函数的类型：V(output)/V(input)电压传递函数和 V(output)/I(input)电阻传递函数。

（6）Analysis Type：设置分析类型，下拉菜单中列出了 3 种分析类型：Poles Only（只分析极点）、Zeros Only（只分析零点）和 Poles and Zeros（极点-零点分析）。

7.5.8　传递函数分析

传递函数分析（Transfer Function Analysis）用来计算直流输入阻抗、输出阻抗，以及直流增益。在 Analyses/Options 栏中单击并勾选 Transfer Function Analysis，在如图 7-45 所示的传递函数分析参数设置对话框中进行参数设置，主要内容如下。

（1）Source Name：设置输入参考的信号源。

（2）Reference Node：设置输入参考信号源的参考节点，默认为 0（GND）。

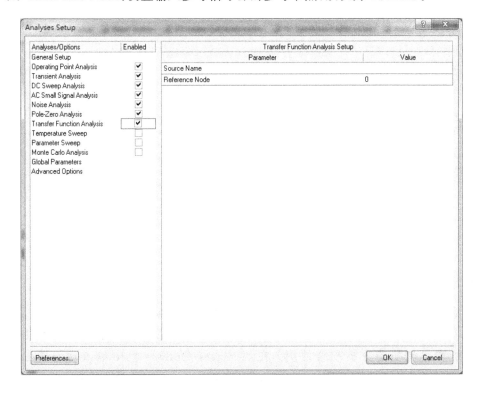

图 7-45　传递函数分析参数设置对话框

7.5.9　温度扫描分析

温度扫描分析（Temperature Sweep）是在一定的温度范围内进行电路参数计算，从而确定电路的温度漂移等性能指标。温度扫描分析与交流小信号分析、直流分析及瞬态特性分析中的一种或几种联合使用，在设定的几种温度下，每一个温度都分别进行仿真分析。在Analyses/Options 栏中单击并勾选 Temperature Sweep，在如图 7-46 所示的温度扫描分析参数设置对话框中进行参数设置，主要内容如下。

（1）Start Temperature：扫描起始温度。

(2) Stop Temperature：扫描终止温度。

(3) Step Temperature：扫描温度增量。

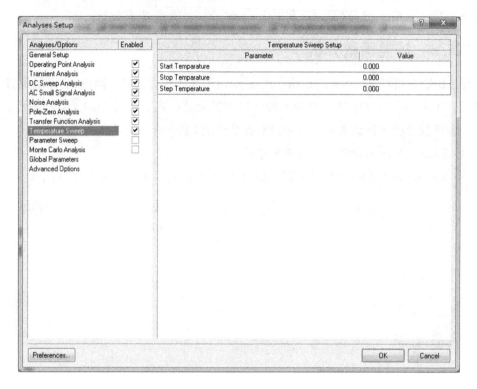

图 7-46　温度扫描分析参数设置对话框

7.5.10　参数扫描分析

参数扫描分析（Parameter Sweep）是针对电路中某一元件参数变化对电路性能指标的影响分析，常用于确定电路中某些关键元件的参数，参数扫描分析一般与瞬态分析、交流小信号分析和直流扫描分析配合使用。在 Analyses/Options 栏中单击并勾选 Parameter Sweep，在如图 7-47 所示的参数扫描分析参数设置对话框中进行参数设置，主要内容如下。

（1）Primary Sweep Variable：设置希望做参数扫描分析的主元件。下拉菜单中列出可以进行扫描分析的元件。

（2）Primary Start Value：扫描起始参数。

（3）Primary Stop Value：扫描终止参数。

（4）Primary Step Value：扫描参数增量。

（5）Primary Sweep Type：扫描分析的扫描类型，下拉菜单中列出两种扫描类型：Absolute Values（绝对值增量）和 Relative Values（相对值增量）。

（6）Enable Secondary：是否使用第二扫描元件，如果选中，可以设置扫描分析第二元件扫描参数，设置方法和第一个元件相同，在这里就不再赘述了。

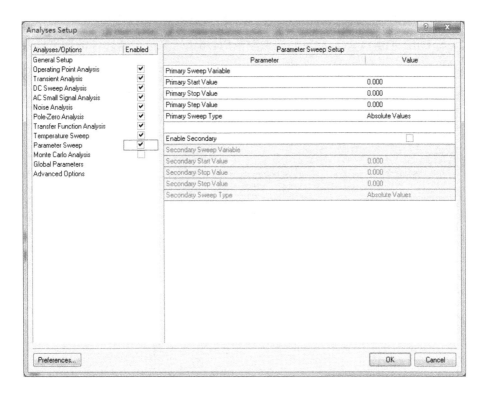

图 7-47　参数扫描分析参数设置对话框

7.5.11　蒙特卡罗分析

蒙特卡罗分析(Monte Carlo Analysis)是一种数理统计的分析方法,由于电子元件的各种特性并不是一个固定不变的值,而是存在一定的误差范围。蒙特卡罗分析使用随机数发生器根据元件值的概率分布来选择元件的参数,然后将这些元件参数所构成的电路进行直流、交流小信号、瞬态、传递函数及噪声分析等仿真分析。在 Analyses/Options 栏中单击并勾选 Monte Carlo Analysis,在如图 7-48 所示的蒙特卡罗分析参数设置对话框中进行参数设置,主要内容如下。

(1) Seed:设置随机数发生器产生的种子数,默认值为 −1。

(2) Distribution:设置随机数产生时的分布形式。下拉菜单中列出 3 种分布类型:Uniform(均匀分布)、Gaussian(高斯分布)和 Worst Case(最差分布),系统默认均匀分布。通常情况下,元件的误差分布一般呈现一种高斯曲线的分布形式,中间高,两边平缓下降。

(3) Number of Runs:设置蒙特卡罗分析时要运行仿真的次数,系统默认为 5 次。

(4) Default Resistor Tolerance:电阻默认误差范围。

(5) Default Capacitor Tolerance:电容默认误差范围。

(6) Default Inductor Tolerance:电感默认误差范围。

(7) Default Transistor Tolerance:三极管默认误差范围。

(8) Default DC Source Tolerance:直流信号源默认误差范围。

（9）Default Digital TP Tolerance：数字元件传输时延的默认误差范围。

（10）Specific Tolerances：特定元件误差范围，用于定义一个新元件的特定误差。

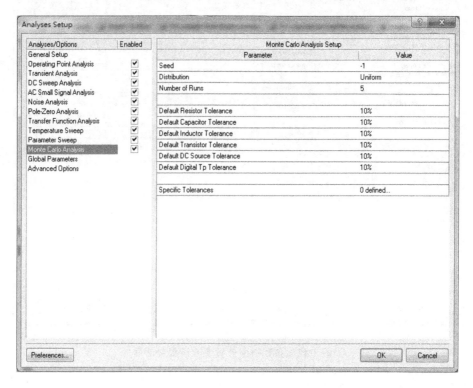

图 7-48　蒙特卡罗分析参数设置对话框

7.6　设计仿真原理图

在进行电路仿真之前，首先应该为仿真创建仿真原理图。绘制原理图之前，应该添加原理图中的仿真元件所在的仿真元件库，从库中找到对应的仿真元件并添加到原理图中，进行连线并绘制原理图。绘制完毕后，添加必要的信号源，在需要观察仿真结果的节点处定义网络标号，并进行仿真参数的设置后，就可以进行电路仿真了。

仿真库所在位置和添加方法在前面的内容中已经讲过了，接下来通过介绍电路仿真的实例，来介绍原理图仿真的基本操作方法。

1．半波整流仿真电路

如图 7-49 所示，绘制半波整流电路，并对该电路进行瞬态分析。参数设置如下，交流信号源 V1 电压振幅 10 V，频率 1 MHz。仿真得到输出端 V2 的波形。

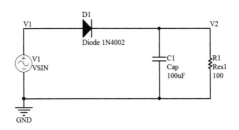

图 7-49　半波整流电路

操作步骤如下：

（1）启动 Altium Designer 软件，新建一个 PCB_Project1. PrjPCB 的工程文件，并在其中新建一个 Sheet1. SchDoc 的原理图文件。通过右边的标签打开 Libraries 工作面板，并单击 Libraries... 按钮，或者执行菜单命令【Design】→【Add/Remove Library】，弹出 Available Libraries 对话框，单击 Install... 加载信号源仿真库 Simulation Sources. IntLib 和常用元件仿真库 Miscellaneous Devices. IntLib，如图 7-50 所示。

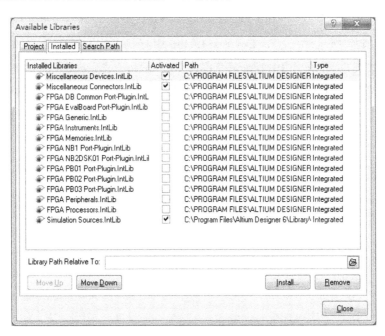

图 7-50　安装完仿真库的对话框

（2）在仿真库 Simulation Sources. IntLib 中查找交流电压源 VSIN，并在其参数设置页面的【Designator】中修改其名称为 V1，双击【Models】区域中的 Simulation 选项，弹出仿真参数对话框，并打开 Parameters 标签，将其中的 Amplitude 项修改为 10 V，Frequency 项修改为 1 kHz，如图 7-51 所示。

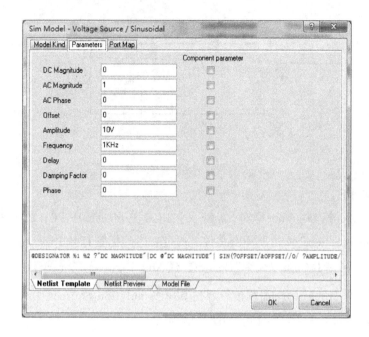

图 7-51　设置好仿真参数的对话框

（3）在仿真库 Miscellaneous Devices. IntLib 中查找电容 Cap 和电阻 RES1，并分别在参数设置页面的【Designator】中修改其名称为 C1 和 R1，双击【Models】区域中的 Simulation 选项，弹出仿真参数对话框，并打开 Parameters 标签，将电容仿真设置对话框中的 Value 项修改为 100 μF，电阻仿真设置对话框中的 Value 项修改为 100，默认单位为 Ω，如图 7-52 和图 7-53 所示。

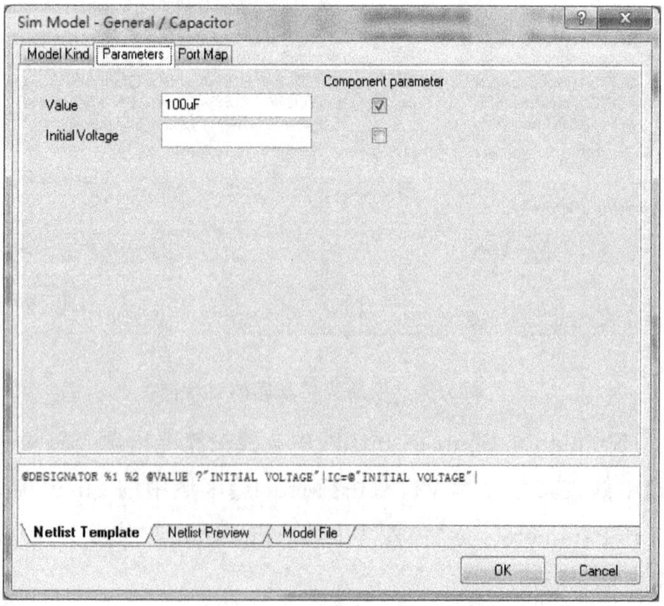

图 7-52　电容仿真参数对话框

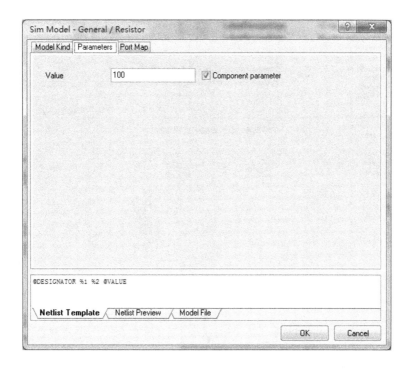

图 7-53　电阻仿真参数对话框

（4）在元件库中查找添加二极管 Diode 1N4002，并放置在原理图中，仿真参数不用设置，从布线工具栏中添加接地符号。

（5）单击布线工具栏中的 按钮，按照图 7-49 所示，进行电路连线。

（6）单击布线工具栏中的 按钮，在原理图中放置网络标号并修改标号名称，最终完成仿真电路图的绘制，如图 7-49 所示。

完成上述操作后，原理图的绘制过程基本完毕，接下来就是仿真过程了。

（1）执行菜单命令【Design】→【Simulate】→【Mixed Sim】，或者单击仿真工具栏中的 按钮，弹出仿真分析设置对话框。在该对话框左边的 Analyses/Options 栏中选中 Operating Point Analysis 和 Transient Analysis，在选中 General Setup 选项，对仿真进行常规设置，如图 7-54 所示，并将 Available Signals 框中的观测点 V1、V2 添加到右边的 Active Signals 中，单击【OK】按钮，仿真参数设置完毕。单击仿真工具栏中的 按钮，仿真开始。

（2）仿真计算后，将显示仿真结果，如图 7-55 所示。仿真波形文件在工程文件中可以找到，后缀为.sdf 的文件。

在仿真结果界面中，单击工作面板下方的 Sim Data 标签，将打开 Sim Data 管理面板，如图 7-56 所示，该管理器包括 3 个部分，其中 Source Data 栏中显示可以显示波形的变量。

（3）在信号窗口中右击波形右侧的信号名称，然后在打开的菜单中分别执行 Cursor A 和 Cursor B 命令，在仿真波形图上就可以显示 A 和 B 测量工具，如图 7-57 所示，测量工具测量到的数据就会在 Sim Data 管理面板的 Measurement Cursors 区域显示。

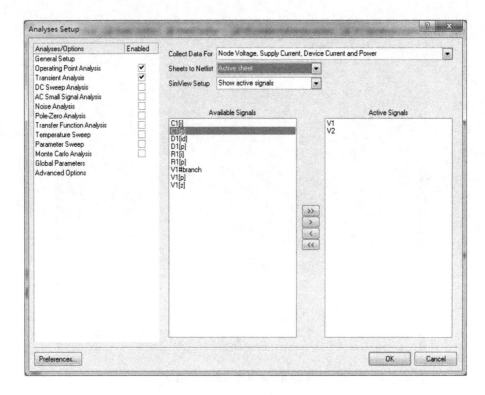

图 7-54　General Setup 对话框的设置

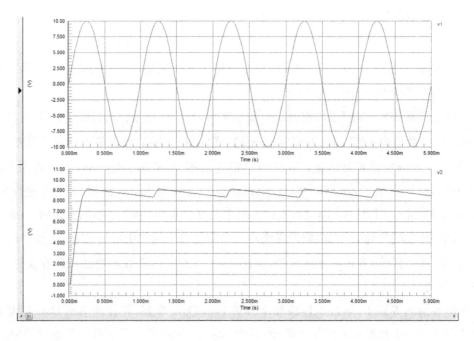

图 7-55　仿真结果

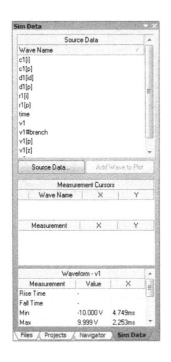

图 7-56　Sim Data 管理面板

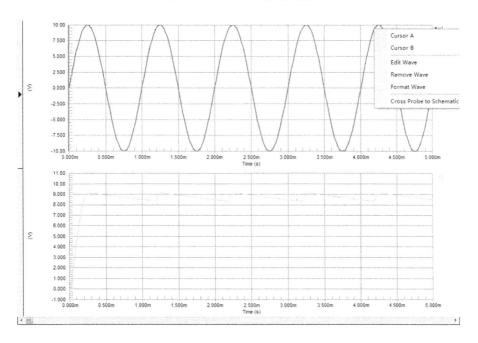

图 7-57　A、B 测量工具

2. 运算放大电路仿真

如图 7-58 所示,UA741 构成的运算放大电路,对该电路进行静态工作点分析、瞬态分析、直流扫描分析、交流小信号分析和参数扫描分析。仿真参数设置如下:交流信号源 Vin 电压振幅 0.1V,频率 10 kHz。仿真得到输入端 Input、反相输入 Inv 和输出端 Output 的波形。

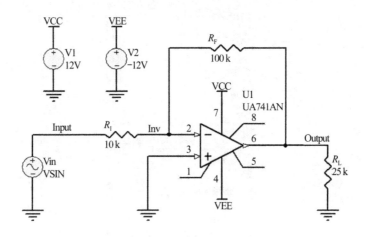

图 7-58　运算放大电路

操作步骤如下：

（1）启动 Altium Designer 软件,新建一个 PCB_Project1.PrjPCB 的工程文件,并在其中新建一个 Sheet1.SchDoc 的原理图文件。通过右边的标签打开 Libraries 工作面板,并单击 [Libraries...] 按钮,或者执行菜单命令【Design】→【Add/Remove Library】,弹出 Available Libraries 对话框,单击 [Install...] 加载信号源仿真库 Simulation Sources.IntLib、常用元件仿真库 Miscellaneous Devices.IntLib 和 UA741AN 所在的元件库 ST Operational Amplifier.IntLib,如图 7-59 所示。

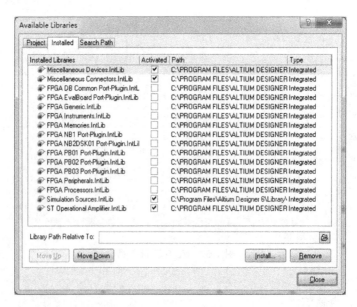

图 7-59　安装完仿真库的对话框

（2）在仿真库 Simulation Sources. IntLib 中查找交流电压源 VSIN,并在其参数设置页面的【Designator】中修改其名称为 V1,双击【Models】区域中的 Simulation 选项,弹出仿真参数对话框,并打开 Parameters 标签,将其中的 Amplitude 项修改为 0. 1 V,Frequency 项修改为 10 kHz,如图 7-60 所示。

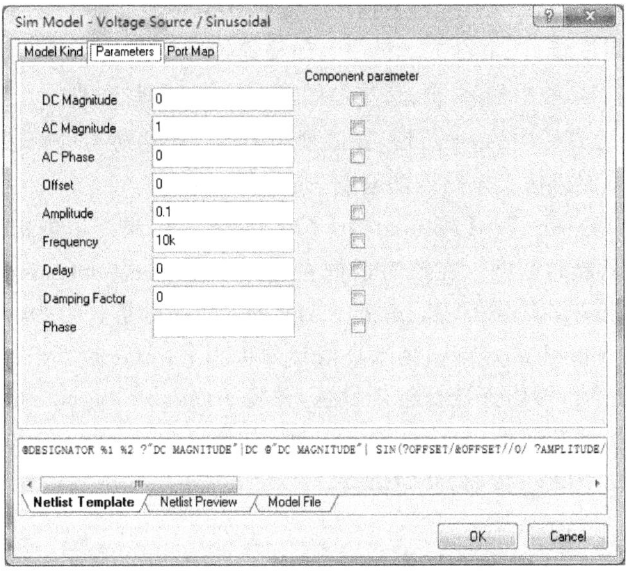

图 7-60　VSIN 仿真参数的对话框

（3）查找直流电压源 VSRC,放置 2 个,并在参数设置页面的【Designator】中修改其名称为 V1、V2,【Comment】中修改为 12 V 和—12 V。双击【Models】区域中的 Simulation 选项,弹出仿真参数对话框,并打开 Parameters 标签,将其中的 Value 项修改为 12 V 和—12 V,如图 7-61 所示为 V1 的仿真设置对话框。

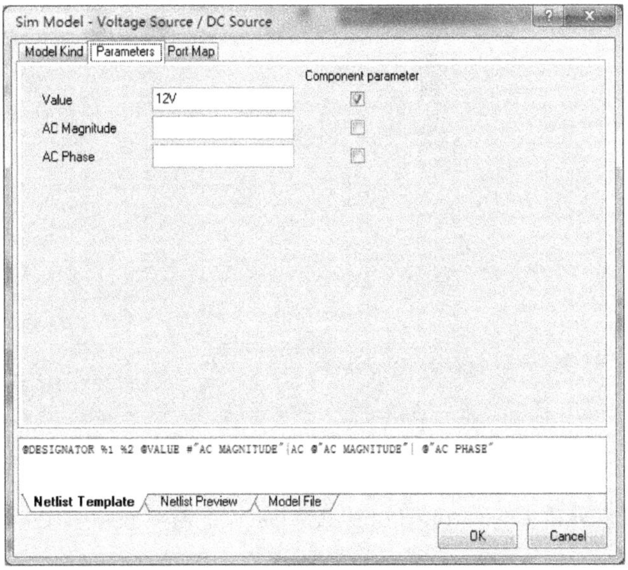

图 7-61　V1 仿真参数的对话框

（4）在仿真库 Miscellaneous Devices. IntLib 中查找电阻 RES1，放置 3 个电阻并分别在参数设置页面的【Designator】中修改名称为 R_I、R_F 和 R_L，双击【Models】区域中的 Simulation 选项，弹出仿真参数对话框，并打开 Parameters 标签，将电阻仿真设置对话框中的 Value 项修改为 10 k、100 k 和 25 k，默认单位为欧姆（Ω）。

（5）在 ST Operational Amplifier. IntLib 元件库中查找添加 UA741AN，并放置在原理图中，仿真参数不用设置，从布线工具栏中添加接地符号。

（6）单击布线工具栏中的 ≈ 按钮，按照图 7-58，进行电路连线。

（7）单击布线工具栏中的 Net1 按钮，在原理图中放置网络标号并修改标号名称为 Input、Inv 和 Output，最终完成仿真电路图的绘制，如图 7-58 所示。

执行菜单命令【Design】→【Simulate】→【Mixed Sim】，或者单击仿真工具栏中的 ⅴ 按钮，弹出仿真分析设置对话框。在该对话框左边的 Analyses/Options 栏中选中 Operating Point Analysis 直流工作点分析、Transient Analysis 瞬态分析、DC Sweep Analysis 直流扫描分析、AC Small Signal Analysis 交流小信号分析和 Parameter Sweep 参数扫描分析，选中 General Setup 选项，对仿真进行常规设置，并将 Available Signals 框中的观测点 Input、Inv 和 Output，添加到右边的 Active Signals 中，如图 7-62 所示。仿真参数全部设置完毕时，单击仿真工具栏中的 按钮，开始仿真。

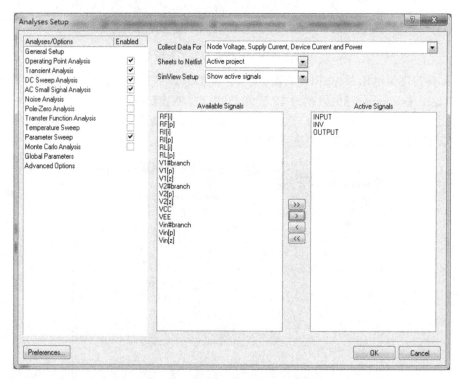

图 7-62 General Setup 对话框的设置

（1）直流工作点分析 Operating Point Analysis，不需要设置参数。仿真结果如图 7-63 所示。

input	0.000 V
inv	11.15uV
output	8.099mV

图 7-63　直流工作点仿真结果

（2）瞬态分析 Transient Analysis，采用默认仿真设置，仿真结果如图 7-64 所示，可以从中看出输入输出之间实现了 10 倍的放大。

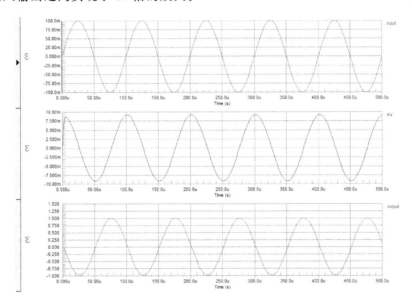

图 7-64　瞬态分析仿真结果

（3）在信号窗口中右击波形右侧的信号名称，然后在打开的菜单中分别执行 Cursor A 和 Cursor B 命令，在仿真波形图上就可以显示 A 和 B 测量工具，分别放置到两个相邻的波峰处，如图 7-65 所示，测量工具测量到的数据就会在 Sim Data 管理面板的 Measurement Cursors 区域显示，如图 7-66 所示。A 和 B 分别放置到波峰和波谷，就可以测出峰峰值。

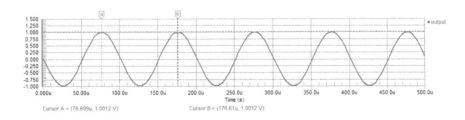

图 7-65　测量 Output 信号的周期

Measurement Cursors			
	Wave Name	X	Y
A	output	76.609u	1.0012
B	output	176.61u	1.0012

图 7-66　Output 信号的周期测量结果

（4）直流扫描分析 DC Sweep Analysis 需要进行仿真设置，在该对话框左边的 Analyses/Options 栏单击 DC Sweep Analysis 直流扫描分析选项，右面的 DC Sweep Analysis Setup 区域中，进行仿真参数设置，如图 7-67 所示。扫描的信号源为 VIN，从 −700 mV 到 −1.5 V，每次扫描增量为 −20 mV。仿真结果如图 7-68 所示。

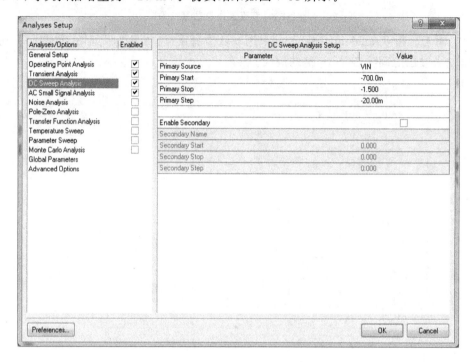

图 7-67　DC Sweep Analysis 仿真参数设置对话框

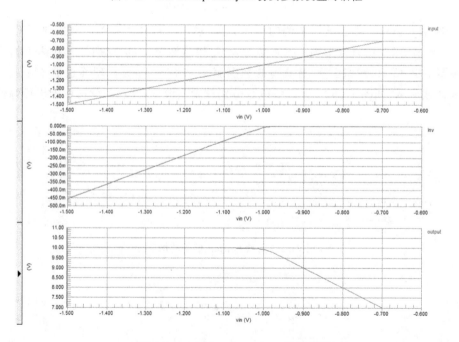

图 7-68　DC Sweep Analysis 仿真结果

（5）交流小信号分析 AC Small Signal Analysis 需要进行仿真设置，在该对话框左边的 Analyses/Options 栏单击 AC Small Signal Analysis 交流小信号分析选项，右面的 AC Small Signal Analysis Setup 区域中，进行仿真参数设置，如图 7-69 所示。扫描的起始频率为 1Hz，终止频率为 1MHz（M 在这里应写为 MEG 以区分 m），扫描方式采用对数扫描的方式，测试点为 100 个。仿真结果如图 7-70 所示。

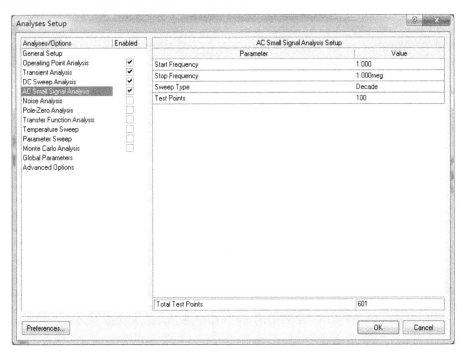

图 7-69　AC Small Signal Analysis 仿真参数设置对话框

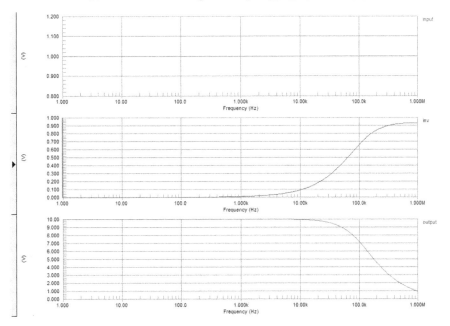

图 7-70　AC Small Signal Analysis 仿真结果

（6）参数扫描分析 Parameter Sweep 需要进行仿真设置，在该对话框左边的 Analyses/Options 栏单击 General Setup 选项，右侧 Active Signal 区域修改为 Input 和 Output，单击 Parameter Sweep 参数扫描分析选项，右面 Parameter Sweep Setup 区域中，进行仿真参数设置，如图 7-71 所示。扫描的元件为 RF，扫描范围从 10 kΩ 到 30 kΩ，每次扫描增量为 10 kΩ。仿真结果如图 7-72 所示。

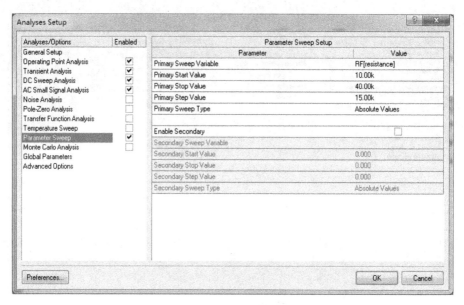

图 7-71　Parameter Sweep 仿真参数设置对话框

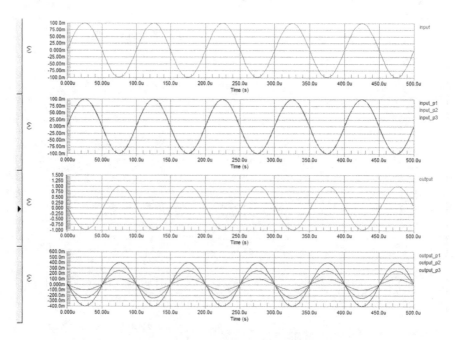

图 7-72　Parameter Sweep 仿真结果

课 后 习 题

7.1 仿真电路中的元件应具有什么属性,常用的仿真元件在哪个库中,常见的仿真信号源在哪个库中。

7.2 绘制如图 7-73 所示的仿真电路图,图中元件仿真参数设置如表 7-1 所示。

(1) 对电路进行直流仿真分析,以 Ve、Vb、Vc 为测试点。

(2) 对电路进行瞬态仿真分析,以 Vb、Vc 为测试点。

(3) 对电路进行交流小信号仿真分析,以 Vc 为测试点,扫描起始频率 1 Hz,扫描终止频率 100 GHz,采用对数扫描方式,测试点为 1 000 个。

(4) 对电路进行参数扫描仿真分析,以 R3 为扫描参数,扫描起始参数 1 kHz,扫描终止参数 5 kHz,扫描步长 2 kHz。

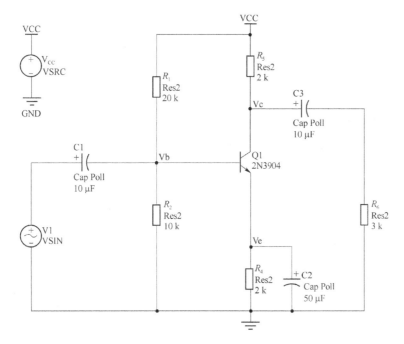

图 7-73 题 7.2 的仿真电路图

表 7-1 元件仿真参数设置表

元件名称 Library Ref	元件标号 Designator	仿真属性 Simulation
Cap Pol1	C_1, C_2, C_3	见图
2N3904	Q1	默认
Res2	R_1, R_2, R_4, R_5, R_6	见图
VSIN	V_1	Amplitude=10 mV,Frequency=10 kHz
VSRC	V_{cc}	Value=15 V

第 8 章

PCB 电路板设计基础

印制电路板（PCB）的设计是电路产品设计过程中的一个非常重要的环节。在介绍印制电路板的设计之前，本章介绍印制电路板（PCB 板）设计的一些基本概念，如电路板的结构、元件封装、PCB 设计流程以及 PCB 编辑器的基本设计和操作。通过本章的学习，读者能够完整的掌握电路板设计的一些基本知识，熟悉 PCB 板设计流程。

8.1　印制电路板基础

印制电路板（Printed Circuit Board）即 PCB，简称印制板，是在一块绝缘度很高的基板上覆盖一层导电性能非常好的铜模，制成覆铜板，然后再根据 PCB 设计图纸的具体要求，在导电材料上蚀刻出铜模导线，具有导电线路和绝缘底板双重作用，它可以代替复杂的布线，实现电路中各元件之间的电气互接。印制电路板的使用不仅简化了电子产品的装配、焊接，大大减轻了工人的劳动强度和接线量，而且缩小了整体体积，降低了生产成本，提高了电子设备的质量和可靠性。目前，印制电路板已经极其广泛地应用在电子产品的生产制造中。

8.1.1　印制电路板的结构和种类

印刷电路板的种类很多，根据 PCB 板的制作板材不同，印制板可以分为纸质版、玻璃布板、玻纤板、挠性塑料板。其中挠性塑料板由于可承受的变形较大，常用于制作印制电缆；玻纤板可靠性高、透明性好，常用于制作实验电路板，易于检查；纸质板的价格便宜，适用于大批量生产要求不高的产品。

根据电路板结构的不同，可将电路板分为单面板（Signal Layer PCB）、双面板（Double Layer PCB）和多层板（Multiple Layer PCB）。

1. 单面板（Signal Layer PCB）

单面板（Signal Layer PCB）是只有一面敷铜而另一面没有敷铜的电路板，单面板中覆铜的一面称为焊接面，没有覆铜的一面称为元件面。只能利用它覆铜的一面设计电路导线和组件的焊接，另一面放置元件。一般来说，单面板结构简单，不需要打过孔且成本较低，但是由于只能单面布线，当电路比较复杂时，导线的布通率很低，所以通常只有非常简单的电路才会采用单面板。

2. 双面板（Double Layer PCB）

双面板（Double Layer PCB）是两个面都有敷铜的电路板，双面板通常称一面为顶层

(Top Layer)，另一面为底层(Bottom Layer)，一般将顶层作为放置元件面，底层作为焊接面。现在贴片元件越来越多了，也可以将贴片元件直接焊接在焊接面上。双面板两面都可以进行布线操作，两面的导线可以通过焊盘或过孔的内壁金属化来实现互相连接。双面板设计简单，双面布线，所以布线容易，布通率高，是目前应用最广泛的一种印制电路板。

3. 多层板(Multiple Layer PCB)

随着集成电路技术的不断发展，元件的集成度越来越高，元件的引脚数目越来越多，印制电路板中的元件连接关系也越来越复杂，此时双面板已经不能满足布线的需要和电磁干扰的屏蔽要求，因此出现了多层板。

多层板(Multiple Layer PCB)是在顶层和底层之间又包含了若干工作层的电路板，通常中间层可作为导线层、信号层、电源层和接地层等，层与层之间是绝缘的，如果需要连接通常通过过孔来实现。一般情况下，多层板中的导电层数为 4、6、8、10 层。例如在 4 层板中，顶层和底层是信号层，在顶层和底层之间是电源层和接地层。在多层板中，印制电路板的多层结构可以很好地起到屏蔽的作用，解决电路中的电磁干扰问题，从而提高了电路系统的可靠性。多层板制作工艺较复杂，成本高，但由于多层板布线层数多、走线方便、布通率高、连线短、可靠性高以及面积小等优点，目前大多数较为复杂的电路系统均采用多层印制电路板的结构，如计算机中的主板，内存等均采用的是 4 层或 6 层的多层板，由于层和层之间压合得很紧密，所以肉眼很难看出它的实际层次。

8.1.2　PCB 板常见术语

1. 焊盘与过孔

在印制电路板中，焊盘对应元件的引脚，用于焊接元件实现电气连接，同时起到固定元件的作用。选择元件的焊盘类型要综合考虑元件的形状、大小、布置形式、振动和受热情况、受力方向等因素。直插式元件的焊盘从顶层通到底层，对于双层板或多层板，为了实现不同板层的电气连接，焊盘需要对孔壁进行金属化处理。而表面贴式元件的焊盘只限于放置元件的表面板层，不用穿孔。通常，焊盘的形状可分为 3 种，分别是圆形(Round)、矩形(Rectangle)和八角形(Octagonal)，主要有焊盘尺寸和孔径尺寸两个参数，用户根据实际情况进行编辑。一般而言，编辑焊盘还需要考虑以下原则。

(1) 焊盘长短不一致时，要考虑连接导线宽度与焊盘边长的大小，差异不能过大，放置接触不良或者焊盘脱落。

(2) 各元件焊盘孔径的大小要按元件管脚粗细分别编辑确定，原则是孔的尺寸比管脚直径大 0.2～0.4 mm。

在印制电路板中，过孔的主要作用是用来连接不同板层间的导线。通常，过孔有 3 种类型，分别是从顶层到底层的穿透式过孔(通孔)、从顶层到内层或从内层到底层的盲过孔(盲孔)、内层间的深埋过孔(埋孔)。过孔的形状只有圆形，主要参数有两个，分别是过孔尺寸和孔径尺寸。

一般而言，设计线路时对过孔的处理有以下原则。

(1) 尽量少用过孔，一旦选用了过孔，务必处理好它与周围各器件的间隙。

(2) 需要的载流量过大，所需的过孔尺寸越大，如电源层和接地层比其他信号层连接所用的过孔就要大一些。

2. 铜膜导线

铜膜导线是敷铜板经过电子工艺加工后在印制电路板上形成的铜膜走线，通常也简称为导线。铜膜导线的主要作用是用来连接印制电路板上的各个焊点，它是印制电路板设计中最重要的部分。电路板的设计就是围绕如何布置导线来进行的。位于顶层和底层的导线颜色是不一样的，顶层导线默认为红色，底层导线默认为蓝色。

3. 预拉线(飞线)

在印制电路板设计的过程中，设计人员还会接触到另外一种与导线有关的连线——预拉线，又称飞线。飞线通常是在系统装入网络报表后自动生成的，它只是用来指引印制电路板布线的一种连线。飞线与铜膜导线有着本质的区别：飞线只是在形式上表示出印制电路板中各个焊盘之间的连接关系，实际上并没有任何电气连接意义；而铜膜导线则是根据飞线指示的焊盘连接关系而布置的具有实际电气连接意义的连线。

4. 物理边界和电气边界

物理边界是在机械层定义的电路板的物理外形尺寸；而电气边界是在禁止布线层设定的，用来规定焊盘、过孔、导线的位置范围，所有的焊盘、过孔、导线必须放置在电气边界之内。电气边界范围不能大于物理边界。

8.1.3 元件封装

元件封装是指元件焊接到电路板时所指示的外形轮廓、尺寸以及引脚位置。例如元件的引脚分布、直径以及引脚之间的距离等，它是使元件引脚和印制电路板上的焊盘保持一致的重要保证。不同的元件，只要他们具有相同的外形和引脚位置，就可以使用同一种元件封装；而同一种元件也可以有不同的元件封装形式，如电容 CAP 就有 RAD-0.3、VP32-3.2 和 VP45-3.2 等不同的封装形式，而三极管 2N3904 和 2N3906 的封装形式都是 TO-92A。在设计印制板的时候，不仅要知道元件的名称，还要知道元件的封装形式。

目前，电子元件的种类很多，如常用的电容、电阻、电感、接插件和集成电路(IC)等。与此相对应，电子元件的封装形式也非常多。但从大的方面讲只有两类，分别是直插式元件封装和表面贴元件封装。

1. 直插式封装

直插式封装一般是针对针脚类元件而言的，如图 8-1 所示。使用此类元件时，焊盘需要钻孔，元件安置在板子的一面，其针脚插入焊盘导通孔，并被焊在另一面上。目前，直插式封装用于一些分立元件(如电阻、电容和二极管)、接插件和功能简单、引脚较少的集成电路块，直插式元器件封装如图 8-2 所示。

图 8-1 采用直插式封装的元件

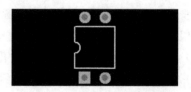

图 8-2 直插式的元器件封装

2. 表贴式封装

表贴式封装(SMD元件)一般是针对表面贴元件而言的,是目前最流行的元器件封装类型,绝大部分的高性能集成电路都采用此封装形式,如图8-3所示。使用表贴式封装的元件时焊盘不需要钻孔,元件直接粘贴在电路板表面的焊点位置上,因此它的焊盘只能分布在电路板的顶层或者底层。表贴式的元件封装如图8-4所示。表面贴装元件按封装外形形状、尺寸分类如下。

Chip:片电阻,电容等。尺寸规格:0201、0402、0603(常见)、0805(常见)、1206、1210、2010等。

SOT:SOT23、SOT25、SOT143、SOT89等。

SOIC:集成电路。尺寸规格:SOIC08、14、16、18、20、24、28等。

QFP:密脚距集成电路。

PLCC:集成电路,PLCC20、28、32、44、52、68等。

BGA:球栅列阵包装集成电路。列阵间距规格:1.27、1.00、0.80等。

图8-3　采用表贴式封装的元件　　　　图8-4　表贴式的元器件封装

3. 元件封装的编号

在电路系统的设计过程中,元件封装的编号原则为:元件类型＋引脚距离(或者引脚数)＋原件外形尺寸,所以知道了一个元器件的封装编号就可以知道该元器件封装的尺寸、引脚数等信息。例如,元件封装的编号为AXIAL-0.3,表示此元件封装为轴向的,两引脚间的距离为300 mil;元件封装的编号为DIP-16,表示元件封装为双列直插式,引脚数目为16个;元件封装的编号为RB5-10.5,表示元件封装为极性电容类,两引脚间的距离为5 mm,元件的直径为10.5 mm。

8.1.4　PCB设计流程

利用Altium Designer进行印制电路板的设计时,一般按照以下流程来进行,如图8-5所示,设计步骤如下。

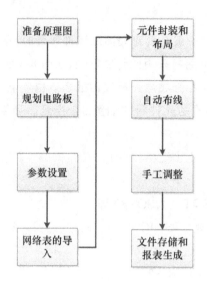

图 8-5　印制电路板设计流程图

1. 准备原理图

根据设计要求绘制原理图。

2. 规划电路板

在进行具体的 PCB 设计之前,根据电路的规模和复杂程度来确定电路板的规格、尺寸、安装位置、安装方式、接口形式等参数。

3. 参数设置

参数设置主要包括工作层面的设置和环境参数的设置。不同的印制电路板具有不同的工作层面。环境参数的设置是印制电路板设计中非常重要的一步,它主要包括度量单位的选择、栅格的大小、光标捕捉区域的大小以及设计规则等方面的设置。

4. 网络表的导入

网络表是由电路原理图生成的,它是 PCB 板自动布线的依据,也是电路原理图设计系统与印制电路板设计系统之间的接口。只有将原理图生成的网络表装入 PCB 设计系统中,设计人员才可以进行印制电路板的自动布线操作。

5. 元件封装和布局

正确装入原理图生成的网络报表后,PCB 设计系统会自动装入元件封装并且会根据设计规则对元件自动布局。自动布局完成后,设计人员应该对不符合设计要求或者不尽人意的地方进行手工布局,以便进行接下来的布线工作。元件布局的基本原则是先布局与机械尺寸有关的元件,然后布局电路系统的核心元件和规模较大的元件,最后再布局电路板的外围元件。

6. 自动布线

在进行布线时可以采用自动布线器来布线,布通率接近 100%,只需要在自动布线之前选择合适的布线参数和布线规则,自动布线器就会根据设置的设计法则和自动布线规则选取最佳的自动布线策略来完成 PCB 板的自动布线。

7. 手工调整

虽然说自动布线器具有极大的优越性并且布通率接近于 100%,但是某些情况下还是会出现错误的情况或者走线不合理的情况。这时,就需要采取手工调整的方法来对自动布线后的某些元件和布线走向等方面进行调整,自动布线和手动调整相结合,可以达到比较满意的效果。

8. 文件储存和报表生成

完成设计后,设计结果可以图表或文档的形式存储或打印输出,并生成各种包含 PCB 设计信息的报表文件。

8.2　新建 PCB 文件

在设计由原理图向 PCB 图转换之前,需要先新建 PCB 文件,定义符合设计的 PCB 板框的轮廓。Altium Designer 为用户提供了多种新建 PCB 电路板的方法,分别是手动生成 PCB 电路板、通过向导生成 PCB 电路板和通过模板生成 PCB 文件。手动生成 PCB 电路板的方法使用比较少,一般采用通过向导生成 PCB 文件和通过模板生成 PCB 文件的方法。

8.2.1　利用向导生成 PCB 电路板

利用向导生成 PCB 电路板是设计人员最常采用的快速生成 PCB 板框的方法,在生成文件的过程中,可以定义 PCB 文件的参数,也可以选择标准的模板。在向导步骤中可以随时返回上一步,对设置的参数进行修改。操作步骤如下:

(1)打开左侧【Files】工作面板,单击【New from template】分组框中的【PCB Board Wizard】选项,就可以弹出【PCB 板向导】对话框,如图 8-6 所示。

图 8-6　PCB 板生成向导对话框

(2)PCB 板向导打开后,单击【Next】按钮,进入【Choose Board Units】对话框,如图 8-7 所示,在该对话框中可以设置 PCB 板的尺寸单位,有【Imperial】英制和【Metric】公制两个单选按钮可以选择。

图 8-7　Choose Board Units 对话框

　　（3）软件默认选择的是【Imperial】英制单位，单击【Next】按钮，进入【Choose Board Pro-files】对话框，如图 8-8 所示。在该对话框中可以选择 PCB 板使用的模板，有常见的 A3、A4 尺寸，也有已经设置好板子外形的 AT long bus、AT short bus 等尺寸模板，还有 Custom（自定义）方式。在左侧列表框中选择一个模板，右侧区域将显示出该模板的预览图。

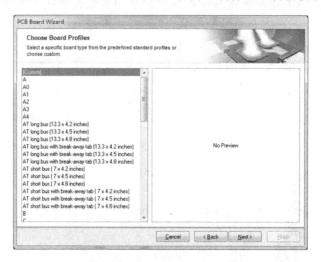

图 8-8　Choose Board Profiles 对话框

　　（4）在左侧列表框中选择【Custom】选项，单击【Next】按钮，将进入自定义 PCB 板型参数对话框，设置参数如图 8-9 所示。在该对话框中，可以设置 PCB 板的外形形状、板尺寸、尺寸层等参数。

　　● Outline Shape 区域：设置 PCB 板的外形，有 Rectangular、Circular 和 Custom 3 种外形可供选择。

　　● Board Size 区域：设置 PCB 板的尺寸。

　　● Dimension Layer：设置 PCB 板的机械层。

　　● Boundary Track Width：设置 PCB 板的边界线的宽度。

- Dimension Line Width：设置标准尺寸标注线的宽度。
- Keep Out Distance From Board Edge：设置 PCB 板的电气边界与物理边界的距离。通常电气边界应略小于物理边界，这样可以使电路板边沿轻微损坏的情况下不会影响到电气连接。
- Title Block and Scale：设置是否显示标题栏和标尺。
- Legend String：设置是否显示说明字符串。
- Dimension Lines：设置是否显示尺寸标注线。
- Corner Cutoff：设置电路板是否需要四周切角，如果选中的话，电路板四周会产生切角。
- InnerCutoff：设置电路板是否需要内部切块。

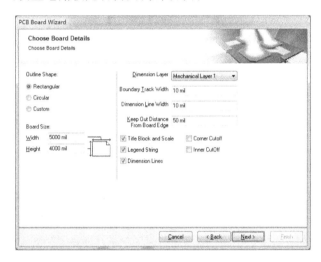

图 8-9　自定义 PCB 板型参数对话框

（5）设置完毕后，单击【Next】按钮，将进入 Choose Board Corner Cuts 对话框，如图 8-10 所示。在该对话框中可以设置电路板四周切角的大小，直接用鼠标点击需要修改的数字，输入数字即可，在这里切角宽度设为 200 mil。

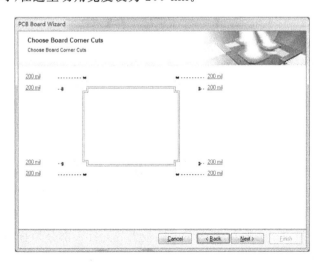

图 8-10　Choose Board Corner Cuts 对话框

（6）设置完毕后，单击【Next】按钮，进入 PCB 板层设置对话框，如图 8-11 所示。在该对话框中，可分别设置信号层和内部电源层的层数。一般如果 PCB 板为双面板，应将【Signal Layers】选项设置为 2，【Power Planes】选项设置为 0。

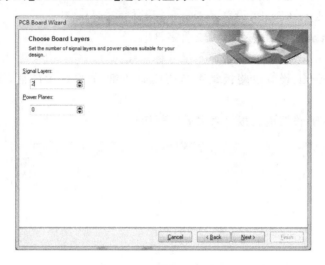

图 8-11　PCB 板层设置对话框

（7）单击【Next】按钮，进入过孔类型设置对话框，如图 8-12 所示。在该对话框中包含两个选项，选择【Thruhole Vias only】表示过孔样式为通孔，选择【Blind and Buried Vias only】表示过孔样式为盲孔和埋孔。同时，在对话框的右侧会给出相应的过孔样式预览。

图 8-12　过孔类型设置对话框

（8）单击【Next】按钮，进入设置元件封装类型对话框，如图 8-13 所示。在该对话框中，如果选择【Surface-mount components】，表示电路板上的元件大部分是表面贴片元件，在下方要选择【Yes】或者【No】来指定是否可以在电路板的双面安装元件，如图 8-13（a）所示；如果选择【Through-hole components】，表示电路板上的元件大部分是直插式元件。在下方要设置邻近两个焊盘间允许穿过导线的数量，如图 8-13（b）所示。

(a)选择【Surface-mount components】的对话框

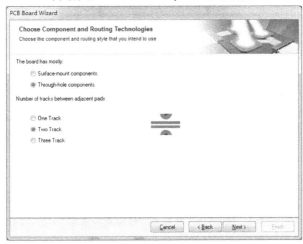

(b)选择【Through-hole components】的对话框

图 8-13　设置元件封装类型对话框

（9）单击【Next】按钮，进入设置导线和过孔尺寸对话框，如图 8-14 所示。在该对话框中，包括 4 个设置选项。

- 【Minimum Track Size】：即导线的最小宽度。一般来说，信号线和电源线的宽度不能小于 8 mil，否则会影响电路的正常工作。
- 【Minimum Via Width】：即过孔的最小外径。
- 【Minimum Via HoleSize】：即过孔的最小孔径。
- 【Minimum Clearance】：即导线间或导线与焊盘间的最小安全距离。

（10）单击【Next】按钮，进入 PCB 板向导完成对话框，如图 8-15 所示。单击【Finish】按钮，结束 PCB 向导的设置，并同时打开已经创建完成的 PCB 板框。图 8-16 所示为所生成的矩形板框，板宽为 5 000 mil，高为 4 000 mil，双面通孔元件板。生成的文件名默认为 PCB1.PcbDoc，可根据需要修改文件名或更改存储位置。

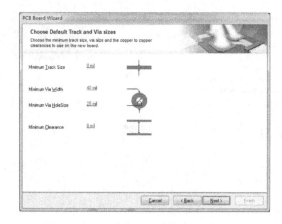

图 8-14　设置导线和过孔尺寸对话框

图 8-15　PCB 板向导完成对话框

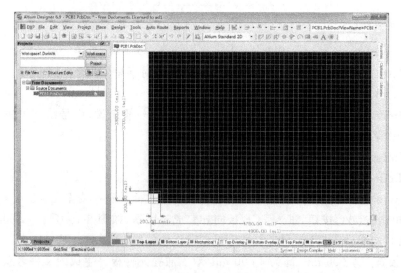

图 8-16　利用向导生成的 PCB 板框

8.2.2 利用现有模板生成 PCB 文件

操作步骤为:

(1) 打开左侧【Files】工作面板,单击【New from template】分组框中的【PCB Templates】选项,弹出一个打开文件对话框。

(2) 在【文件类型】下拉菜单中选择 PCB file(* . pcbdoc; * . pcb),如图 8-17 所示,即可显示出所有的 PCB 模板。选择目标文件后,单击【打开】即可。

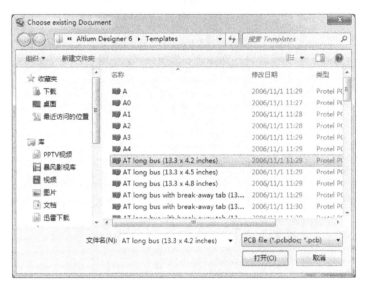

图 8-17 打开 PCB 模板对话框

Altium Designer 提供了丰富的 PCB 模板,包括:

① 各种图纸模板。如 A、A0、A1、A2、A3、A4、B、C、D 等。这些模板已经定义好了图纸、网格、电路尺寸等参数的大小,如图 8-18 所示为打开的 A4 模板。

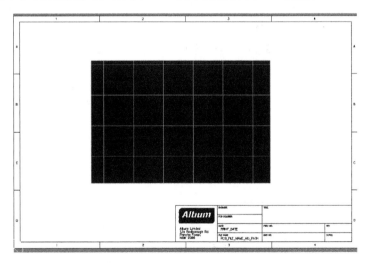

图 8-18 A4 模板

② 各种标准模板。这种模板不但定义的图纸、网格等参数,还针对各种标准定义了电路板外形、禁止布线层、标准等具体参数。使用这些模板时,设计者不需要再对电路板进行规划,可以在模板的基础上直接进行元件布局和布线。如图 8-19 所示,打开一个名为 AT long bus (13.3×4.2 inches)的模板。

图 8-19　AT long bus (13.3×4.2 inches)模板

8.3　PCB 菜单

进行 PCB 板设计之前,熟悉各菜单的功能有助于准确快捷的操作,另外大部分的菜单命令都有一个对应的工具栏按钮。Altium Designer 系统为不同的编辑器提供了不同的菜单栏。PCB 编辑器的菜单栏如图 8-20 所示。与原理图编辑器的菜单栏相比,多了【Auto Route】菜单,除此之外,【Place】、【Design】、【Tools】等菜单命令与原理图环境中提供的也完全不同。接下来就介绍这部分功能不同的菜单项。

DXP　File　Edit　View　Project　Place　Design　Tools　Auto Route　Reports　Window　Help

图 8-20　PCB 编辑环境的菜单栏

8.3.1　Place 菜单栏

Place 放置菜单,如图 8-21 所示。

(1) Arc(EDGE)、Arc(Any Angle)、Arc(Center):绘制圆弧功能。分别绘制 90°圆弧、任意角度圆弧、重心法绘制圆弧。功能相似,比较简单。

(2) Full Circle:画圆功能,通过确定圆心半径来绘制圆。

(3) Fill:放置矩形功能。一般用来放置大面积的电源和接地功能。执行该命令后,按下 Tab 键,会弹出属性对话框,对矩形填充的工作层面、连接的网络、放置角度、两个对角的坐标等参数进行设定,如图 8-22 所示。

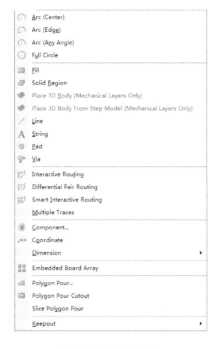

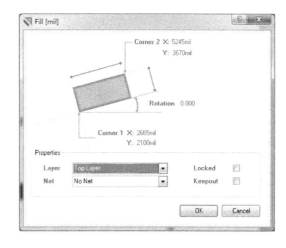

图 8-21　Place 菜单　　　　　　　　　图 8-22　矩形填充属性对话框

(4) Polygon Pour:放置多边形填充功能。执行该命令后,会弹出多边形填充属性对话框,如图 8-23 所示。可以对多边形填充属性进行设置,选择与填充相连接的网络、填充平面的栅格尺寸、线宽、所处工作层、填充方式、环绕焊盘方式等参数进行设定,放置多边形填充物后可以减少电路板上导线之间的电磁干扰,起到了屏蔽的作用。

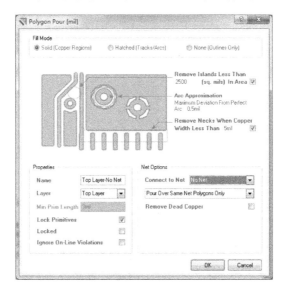

图 8-23　多边形填充属性对话框

（5）Line：画线功能，执行该命令后，鼠标放置到起点，单击就可以实现画线，需要转弯时，单击结束画线时，右击即可。按 Shift＋空格键，可以循环改变走线方式。如果需要更换板层，可使用小键盘上的加号键、减号键或 * 键更换板层，画线过程中如果更换板层会自动添加过孔。双击所画导线即可弹出如图 8-24 所示的导线属性设置对话框。

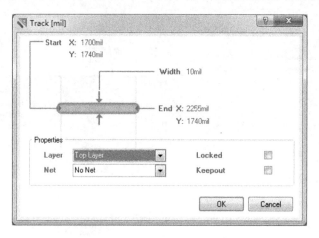

图 8-24　导线属性设置对话框

（6）String：放置字符串功能。执行该命令后，按下 Tab 键，会弹出字符属性设置对话框，如图 8-25 所示。在【Text】中，可以更改要放置的字符串。在 Font 区域中选择【True Type】后，可以在下方的【Font Name】下拉菜单中，选择汉字字体，即可放置汉字字符串。

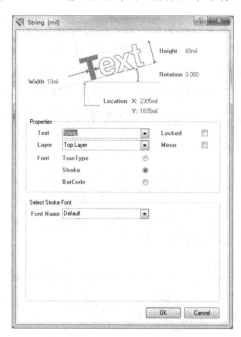

图 8-25　字符串属性设置对话框

（7）Pad：放置焊盘。执行该命令后，进入放置焊盘状态，按下 Tab 键，弹出焊盘属性设置对话框，如图 8-26 所示。其中：

① Location：显示焊盘坐标。

② Hole Information：对焊盘孔外观参数定义，包括圆形孔、矩形孔和椭圆形空及孔径尺寸大小的设置。

③ Properties：设定焊盘的 PCB 参数。如工作层数、编号等。

④ Size and Shape：设定焊盘的外观参数，包括圆形盘、矩形盘、八角盘等。

图 8-26　焊盘属性设置对话框

（8）Via：放置过孔。执行该命令后即可放置过孔。过孔形状类似圆形焊盘，但一般比焊盘尺寸要小。双击过孔，弹出过孔的属性设置对话框，如图 8-27 所示，其中 Start Layer 和 End Layer 选项是设定过孔要导通的板层。

（9）Interactive Routing：交互式布线。执行菜单命令【DXP】→【Preferences】，单击弹出的参数设置对话框左侧栏中的【PCB Editor】→【Interactive Routing】项，就可在右侧打开交互式布线设置对话框，如图 8-28 所示。在交互式布线设置对话框中可以添加新的功能，如推挤功能等，如图 8-29 所示，更适用于连续的手动布线。

（10）Smart Interactive Routing：智能交互式布线功能。在智能交互式布线环境中，系统为设计者提供了两种不同的连接完成模式：自动完成模式和非自动完成模式。

① 自动完成模式：在该模式下，布线过程中系统会尝试寻找能够完成整个连接的路径，并以虚线轮廓的形式向设计者推荐，若设计者满意，只需按 Ctrl 键并单击，即可完成整个连接的布线。

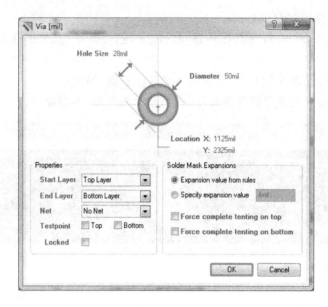

图 8-27　过孔的属性设置对话框

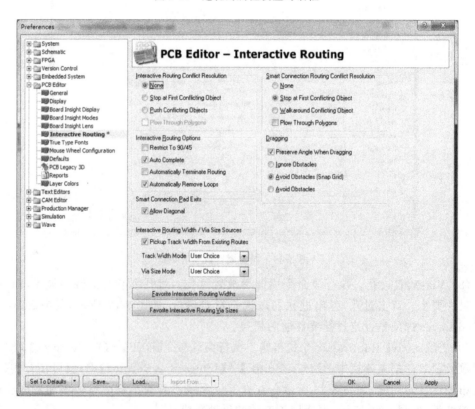

图 8-28　交互式布线设置对话框

② 非自动完成模式:在该模式下,布线过程中系统只尝试寻找从连接起点到当前光标位置的路径。

(11) Differential Pair Routing:差分对布线,差分对布线是现在处理高速信号完成性的首选方法,可以使两条差分线等长,实现阻抗匹配。实现方法如下:

① 在原理图中放置元件,执行菜单命令【Place】→【Directives】→【differential pairs】并放置差分对指令。如图 8-30 示。差分对网络名称必须以"_N"和"_P"作为后辍。对差分网络放置指令后要对其参数进行配置,包括 Differential Pair 名称以及 True 参数。

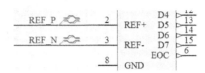

图 8-29　交互式布线功能设置区域　　　　图 8-30　放置差分对符号及网络名称的设置

② 绘制完的原理图更新到 PCB 中。选择【Place】→【differential pairs routing】即可进行差分对信号布线了。

③ 绘制过程中,按下 Tab 键打开属性对话框,如图 8-31 所示,可以对线宽、过孔等规则进行设定。

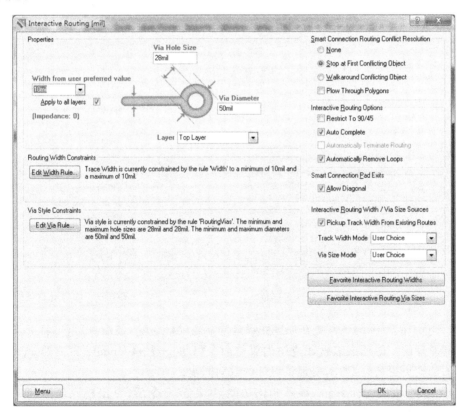

图 8-31　差分对布线规则对话框

(12) Multiple Traces:总线布线。执行该命令后,可以同时对多条走线进行布线,操作简单,适合用于并行端口的连接,效果如图 8-32 所示。

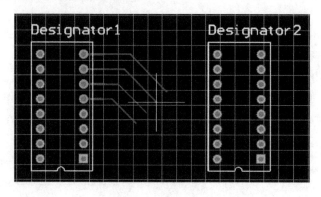

图 8-32　拖动总线布线

（13）Component：放置元件封装,执行该命令后,弹出放置元件封装对话框,如图 8-33 所示。当画一些简易的电路图时,并不需要画原理图,可以直接画电路图,此时就可以利用该对话框来放置元件封装。

8.3.2　Design 菜单

Design 设计菜单,如图 8-34 所示。

图 8-33　放置封装元件对话框

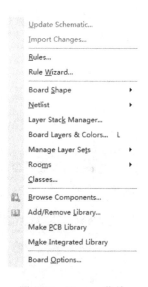

图 8-34　Design 菜单

（1）Update Schematics：更新原理图设计同步器功能,执行该命令后,可将 PCB 中的变更更新到原理图。原理图编辑环境中的菜单命令【Design】→【Update PCB Document】,可将原理图的变更更新到 PCB,实现了设计的双向同步。

（2）Import Changes from：导入变化功能,执行该命令后,可比较原理图和 PCB 的不同,并更新到 PCB 中。

（3）Rules：规则设计功能,执行该命令后,可对 PCB 生成参数进行设置。

（4）Rules Wizard：规则创建向导,执行该命令后,可创建一个新的规则设置。

（5）Board Shape：板型设置功能，执行该命令后，可对各板层的形状进行设置。

（6）Layer Stack Manager：图层堆栈管理器设置功能，执行该命令后，可以进行图层设置。

（7）Board Layer&Colors：板层和颜色管理功能，对各个板层的颜色进行设置。

（8）Manage Layer Set 说：板层管理设置功能，执行该命令后，可对不同类的板层显示进行设置。

（9）Make PCB Library：生成 PCB 库功能，执行该命令后，可将 PCB 板上的所有封装装入一个 PCB 库中，并以 PCB 文件的名字命名。

（10）Board Option：PCB 环境参数设置。

8.4　PCB 工具栏

与原理图设计系统一样，PCB 也提供了各种工具栏，Altium Designer 为 PCB 设计提供了 5 个工具栏，包括 PCB 标准工具栏、布线工具栏、实用工具栏、过滤工具栏和导航工具栏。实用工具栏又分为元件位置调整工具栏，查找选择工具栏及尺寸标注工具栏。工具栏中的按钮功能都可以通过对应的菜单命令来实现。

1. 标准工具栏

在 PCB 编辑器中，选择【View】→【Toolbars】→【PCB Standard】命令，就可以打开或者关闭 PCB 标准工具栏。Altium Designer 的 PCB 标准工具栏如图 8-35 所示，该工具栏提供了系统常用的放大工具（如文件放大、区域放大、对象放大等）和选择工具（如选择区域、移动选择、取消所有选定、清除当前过滤器等）。主要功能与原理图中的标准工具栏相似。

图 8-35　标准工具栏

2. 布线工具栏

在 PCB 编辑器中，选择【View】→【Toolbars】→【Wiring】命令，就可以打开或者关闭布线工具栏。Altium Designer 的布线工具栏如图 8-36 所示，该工具栏主要用于放置常用的图件对象，如放置导线、焊盘、过孔、圆弧、填充、字符串、元器件等。

3. 实用工具栏

在 PCB 编辑器中，选择【View】→【Toolbars】→【Utilities】命令，就可以打开或者关闭应用工具栏。Altium Designer 的实用工具栏如图 8-37 所示，该工具栏包含几个常用的子工具。

图 8-36　布线工具栏 　　　　　　　　图 8-37　实用工具栏

（1）绘图工具栏。如图 8-38 所示，单击 按钮右边的箭头即可显示绘图工具。该工具可以放置在 PCB 板设计过程中常用的一些图件，如导线、圆弧、坐标等，也可以是一些便捷的操作，如设置原点、阵列粘贴等。

（2）排列工具栏。如图 8-39 所示，单击 按钮右边的箭头即可显示元件位置调整工具，利用该工具非常方便元器件的排列和布局。排列工具栏的使用方法和原理图的排列工具栏相似。

图 8-38　绘图工具栏　　　　　　　　　图 8-39　排列工具栏

（3）查找选择工具栏。如图 8-40 所示，单击 按钮右边的箭头即可显示查找选择工具。该工具能够使设计人员方便选择原来所选择的对象，单击工具栏上的按钮可以非常便捷地从一个选择物体以向前或向后的方向走向下一个。

（4）尺寸标注工具栏。如图 8-41 所示，单击 按钮右边的箭头即可显示放置尺寸标注工具。该工具可以方便设计人员对各种尺寸进行标注。

（5）放置 Room 工具栏。如图 8-42 所示，单击 按钮右边的箭头即可显示放置 Room 工具。该工具可以方便设计者放置各种元件集合（Room）。

（6）栅格设置工具栏。如图 8-43 所示，单击 按钮右边的箭头即可显示栅格设置工具。该工具可根据布线的需要，非常方便地设置栅格大小。

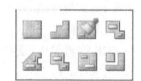

图 8-40　查找选择工具栏　　　图 8-41　尺寸标注工具栏　　　图 8-42　放置 Room 工具栏

图 8-43 栅格设置工具栏

8.5 PCB 的工作层面

Altium Designer 的 PCB 设计系统为用户提供了不同类型的工作层面,可以使设计人员在不同的工作层面进行不同的操作。这些工作层面归结起来可分为 6 类,即信号层、内部电源/接地层、机械层、掩膜层、丝印层等 72 个工作层,在 PCB 编辑界面下,执行菜单命令【Design】→【Board Layers & Colors】,弹出如图 8-44 所示的工作层设置对话框。下面介绍这些工作层面的功能及设置方法。

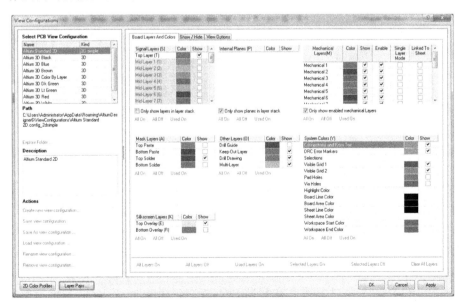

图 8-44 板层颜色管理对话框

1. 信号层

信号层的功能是用来放置与电气属性有关的对象,如导线、元件等。Altium Designer 共为用户提供了 32 个信号层,包括 Top Layer、Bottom Layer、Mid-Layer1~Mid-Layer30,如图 8-45 所示,取消【Only show layers in layer stack】,就可以看到 32 个信号层的布线颜色。

Signal Layers (S)	Color	Show	Signal Layers (S)	Color	Show
Top Layer (T)		✔	Mid-Layer 24		☐
Mid-Layer 1 (1)		☐	Mid-Layer 25		☐
Mid-Layer 2 (2)		☐	Mid-Layer 26		☐
Mid-Layer 3 (3)		☐	Mid-Layer 27		☐
Mid-Layer 4 (4)		☐	Mid-Layer 28		☐
Mid-Layer 5 (5)		☐	Mid-Layer 29		☐
Mid-Layer 6 (6)		☐	Mid-Layer 30		☐
Mid-Layer 7 (7)		☐	Bottom Layer (B)		✔

图 8-45　32 个信号层

(1) Top Layer:顶层,元件面信号层,可以用来放置元件和布信号线。

(2) Bottom Layer:底层,焊接面信号层,以用来放置元件和布信号线。

(3) Mid-Laye 1~Mid-Layer 30:中间布线层,主要用来布置信号线等。

2. 内部电源/接地层

内部电源/接地层的功能主要是用来布置电源线和地线。Altium Designer 共为用户提供了 16 个内部电源/接地层,分别为 Internal Plane 1~Internal Plane 16,取消【Only show planes in layer stack】,就可以看到如图 8-46 所示。

3. 机械层

机械层主要用于放置电路板的边框和标注尺寸。Altium Designer 共为用户提供了 16 个机械层,分别为 Mechanical 1~Mechanical 16,取消【Only show enabled mechanical layer】,就可以看到如图 8-47 所示。

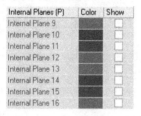

Internal Planes (P)	Color	Show
Internal Plane 9		☐
Internal Plane 10		☐
Internal Plane 11		☐
Internal Plane 12		☐
Internal Plane 13		☐
Internal Plane 14		☐
Internal Plane 15		☐
Internal Plane 16		☐

图 8-46　16 个内部电源/接地层

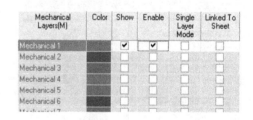

Mechanical Layers(M)	Color	Show	Enable	Single Layer Mode	Linked To Sheet
Mechanical 1		✔	✔	☐	☐
Mechanical 2		☐	☐	☐	☐
Mechanical 3		☐	☐	☐	☐
Mechanical 4		☐	☐	☐	☐
Mechanical 5		☐	☐	☐	☐
Mechanical 6		☐	☐	☐	☐

图 8-47　16 个机械层

制作 PCB 板时,一般只需要一个机械层。只有当【Enable】复选框被选中时,该机械层在 PCB 图中才可用;如选择【Single Layer Mode】复选框,则可设置当前机械层为单层模式;如选择【Linked To Sheet】复选框,可将机械层连接到方块电路,但只能允许一个层连接到方块电路。

4. 掩膜层

掩膜层又称为保护层,主要是用来帮助 PCB 板在正确的地方镀锡。系统为用户提供了 4 个掩膜层,分别是 Top Paste(顶层锡膏层)、Bottom Paste(底层锡膏层)、Top Solder(顶层阻焊层)和 Bottom Solder(底层阻焊层),如图 8-48 所示。其中 Top Paste(顶层锡膏层)和 Bottom Paste(底层锡膏层)用于在贴片元件的焊盘设置助焊区,一般等于焊盘的大小,当无表面贴元件时不需要使用该层;Top Solder(顶层阻焊层)和 Bottom Solder(底层阻焊层)用于防止焊锡镀在不应该焊接的地方,一般阻焊层比焊盘稍大一点。

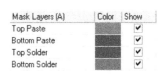

图 8-48 4 个掩膜层

5. 丝印层

丝印层主要用来绘制元器件的外形轮廓,字符串标注等图形说明和文字说明,目的是使 PCB 图纸具有可读性。系统为用户提供了两个丝印层,分别是 Top Overlay(顶层丝印层)和 Bottom Overlay(底层丝印层),如图 8-49 所示。

6. 其余层

其余层主要用来提供一些具有特殊作用的工作层面。系统为用户提供了 4 种特殊的工作层面,分别是 Drill Guide(钻孔导引层)、Keep-Out Layer(禁止布线层)、Drill Drawing(钻孔图层)和 Multi-Layer(多层),如图 8-50 所示。其中:

图 8-49 2 个丝印层

8-50 4 个特殊的工作层面

(1)Drill Guide(钻孔导引层):用来绘制钻孔图。

(2)Keep-Out Layer(禁止布线层):用于设置有效放置元器件和布线的区域,该区域外不允许布线。

(3)Drill Drawing(钻孔图层):用来绘制钻孔位置。

(4)Multi-Layer(多层):设置是否显示多层,表示所有的信号层,在它上面放置的元件会自动放到所有的信号层上。因此在设计中,可以通过该层将焊盘或通孔快速的放置到所有的信号层上。如果【Show】复选框未被选择,则通孔无法显示出来。

工作层之间的切换可以单击 PCB 编辑界面下方的层选项卡,如图 8-51 所示。

图 8-51 层选项卡

课后习题

8.1 常见的印制电路板的结构和种类有哪些?

8.2 常见的元件封装有哪些?

8.3　利用向导生成一个 3 000mil×2 000mil 的双层 PCB 电路板。

8.4　电路板设计过程中，各个工作层的主要功能是什么？

8.5　练习放置过孔、焊盘和修改参数，两者的作用有什么不同？

8.6　练习 PCB 工具栏的使用。

8.7　练习 PCB 编辑界面 Place 菜单栏中的各项命令。

8.8　设计电路板时需要注意的事项有哪些？

第 9 章

PCB 设计进阶

一个完整的 PCB 设计项目,都应该包含原理图的设计,当原理图中所有的元件的封装正确时,可以直接生成 PCB 元件的封装并自动生成元件的连线。通过软件的元件布局功能,可使元件在电路板上的位置更加合理。合理的设置布线规则,可使用 Altium Designer 提供的自动布线功能对 PCB 进行布线,生成最终的 PCB 图。本章主要介绍元件库的装入、元件的封装以及元件的布局方式,还介绍了 PCB 的自动布线规则和布线的方法。

9.1 绘制原理图及生成网络表

要制作 PCB 板,一般需要有原理图和网络表,这是制作 PCB 板的重要操作环节。其中网络表是原理图向 PCB 图转化的桥梁,是电路板自动布线的灵魂。

1. 准备原理图与网络表

建立一个工程改名为 555 circuit. PrjPcb,在工程中新建一张原理图改名为 555. SchDoc,并绘制一张原理图,如图 9-1 所示。

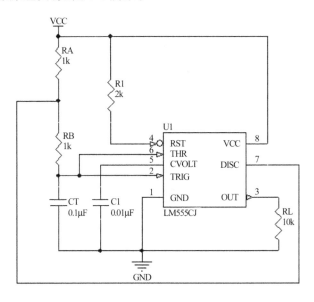

图 9-1 555 电路

2. 生成该原理图的网络表

选择【Design】→【Netlist for Document】→【Protel】命令，系统就会将电路原理图的网络关系进行计算，生成网络表，并保存在原理图文件所在的文件夹，如图 9-2 所示。

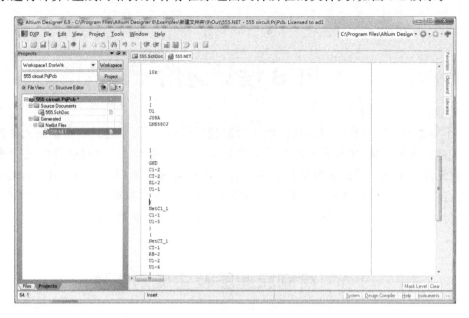

图 9-2 生成的网络表文件

可以看出，网络表文件分为两部分：一部分是元件声明；另一部分是电气网络定义。它们都有固定的格式。元件声明用方括号[]分隔，电气网络定义用圆括号()分隔，其中各行的意义如下：

[　　　　　　　　　　　　//元件声明开始

U1　　　　　　　　　　　//元件序号

J08A　　　　　　　　　　//元件封装形式

LM555CJ　　　　　　　　//元件型号

空行由 Altium Designer 自动生成

]　　　　　　　　　　　　//元件声明结束

(　　　　　　　　　　　　//网络定义开始

NetC1_1　　　　　　　　//导线段 C1_1

C1-1　　　　　　　　　　//元件 C1 的 1 脚和导线段 C1_1 相连

U1-5　　　　　　　　　　//芯片 U1 的 5 脚和导线段 C1_1 相连

)　　　　　　　　　　　　//网络定义结束

网络表的作用不容忽视，可以从网络表中看出元件是否重名，各引脚对应的连接情况，缺少的封装信息等问题。

9.2 规划 PCB 电路板

在设计印制电路板前,先要在 PCB 编辑器中规划好电路板,设置好印制电路板的板层、物理边界和电气边界。物理边界指的是印制电路板的实际物理尺寸,而电气边界指的是印制电路板上可以布线和放置元件的区域,一般电气边界略小于物理边界。

利用向导生成 PCB 板图的方法已经在上一章介绍过了,在这里我们利用这种方法直接生成所需要的 PCB 板图,宽 2 000 mil,高 1 000 mil,双面布线,并改名为 555. PcbDoc。将生成的 PCB 文件加入到之前的工程文件中,使原理图文件和 PCB 文件都在工程项目下。准备好后,接下来进入 PCB 工作层面设置阶段。

9.2.1 工作层设置

Altium Designer 的 PCB 设计系统为设计人员提供了丰富的工作层面。但对于设计人员来说,设计一个 PCB 板时不会用到所有的工作层面,经常用到的只有顶层、底层、丝印层和禁止布线层等少数几种。因此在应用中就需要认真地对工作层面进行设置,使设计过程变得更加快捷有效。

Altium Designer 提供的层堆栈管理器功能强大,可以添加、删除工作层面,也可以改变各个工作层面的顺序。下面就介绍层堆栈管理器。

执行菜单命令【Design】→【Layer Stack Manager】,弹出对话框如图 9-3 所示。从对话框中可以看出,在层堆栈管理器中给出了两个工作层面,即 Top Layer(顶层)和 Bottom Layer(底层)。对于简单的 PCB 设计,使用单面板或者双面板就可以很好地完成,无需更多的工作层面,要知道工作层面越多,制作越复杂,成本也就越高。但是对于复杂的 PCB 设计来说,单面板或者双面板已经不能满足设计的需要,这就要使用层堆栈管理器下方的 Menu 菜单或右侧的各个功能按钮来进行添加工作层面和调整工作层面参数等操作,从而设计出多层板来完成 PCB 板的设计。下面就是对层堆栈管理器的各个设置项的功能进行简单介绍。

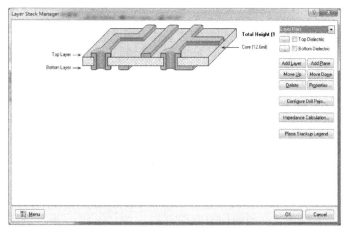

图 9-3　图层堆栈管理器

(1) 右上角的下拉列表框：该下拉列表框主要用来对多层板的工艺材料放置方式进行设置。单击下拉菜单，有 3 种放置模式供用户选择：Layer Pairs（层成对）、Internal Layer Pairs（内电层成对）和 Build-Up（叠压）。选择 Layer Pairs 选项，表示 PCB 板按照两个双层板夹一个绝缘层进行压制；选择 Internal Layer Pairs 选项，表示 PCB 板按照两个单面板夹一个双面板；选择 Build-Up 选项，表示 PCB 板只在最底层是双面板，其余各层均采用单面板。一般默认采用 Layer Pairs（层成对）模式。

(2)【Top Dielectric】：该复选框用来设置是否为 PCB 板的顶层工作面添加阻焊层。同时，用户还可以通过单击复选框左边的 ⬚ 按钮打开阻焊层参数设置对话框，如图 9-4 所示。在该对话框中可以设置阻焊层的【Material】（材料）、【Thickness】（厚度）和【Dielectric constant】（电介质常数）3 个参数。

(3)【Bottom Dielectric】：该复选框用来设置是否为 PCB 板的底层工作面添加阻焊层。具体操作与【Top Dielectric】完全相同。

(4)【Add Signal Layer】：添加信号层。单击该按钮，可以为当前的 PCB 板添加一层信号层。用户在添加信号层之前，要选定层的添加位置。继续单击，可以连续添加信号层。

(5)【Add Internal Plane】：添加内电层。单击该按钮，可以为当前的 PCB 板添加一层内部电源层。用户在添加电源层之前，要选定层的添加位置。继续单击，可以连续添加内电源层。

(6)【Move Up】：将选中的工作层向上移动一层。

(7)【Move Down】：将选中的工作层向下移动一层。

(8)【Delete】：将选中的工作层面删除。

(9)【Properties】：设置属性参数，例如，在选中 Top Layer 层的情况下，单击该选项后弹出如图 9-5 所示对话框，对名称，覆铜厚度的设置。

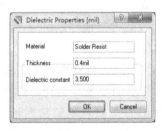

图 9-4　阻焊层参数设置对话框　　　　图 9-5　Top Layer 参数设置

(10)【Configure Drill Pairs】：设置 PCB 板中钻孔的属性。在层堆栈管理器中，单击该按钮可弹出 Drill-Pair Manager 对话框，如图 9-6 所示。在该对话中可以对钻孔的起始层和终止层等参数进行设置，也可以添加或删除钻孔对。

(11)【Impedance Calculation】：该按钮的功能是用来重新编辑阻抗和线宽的公式。在层堆栈管理器中，单击该按钮，可弹出如图 9-7 所示的 Impedance Formula Editor 对话框，在该对话框中可以重新编辑阻抗和线宽公式，单击右侧的【Default】按钮，可恢复到默认的阻抗计算公式。

(12) 单击图 9-6 左下角的 ⬚ Menu 按钮，弹出菜单选项如图 9-8 所示。

Example Layer Stacks：单击 Menu 选项 Example Layer Stacks，弹出的子菜单，如图 9-8所示，提供了多种具有不同结构的电路模板。

Menu 菜单中的选项和工作层管理器右侧的按钮相对应，可以方便使用。

图 9-6　Drill-Pair Manager 对话框

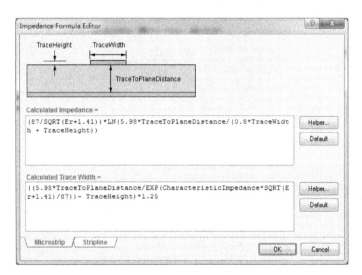

图 9-7　Impedance Formula Editor 对话框

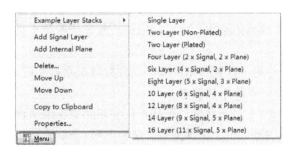

图 9-8　Example Layer Stacks 菜单选项

9.2.2　PCB 电路参数设置

设置系统参数是电路板设计过程中非常重要的一步。系统参数包括光标显示、板层颜色、系统默认设置和 PCB 设置等。许多参数是符合用户的个人习惯的,因此一旦设定,可以成为通用的设计环境。

1. 常规设置

执行菜单命令【Tools】→【Preferences】,打开 Preferences 对话框。如图 9-9 所示。

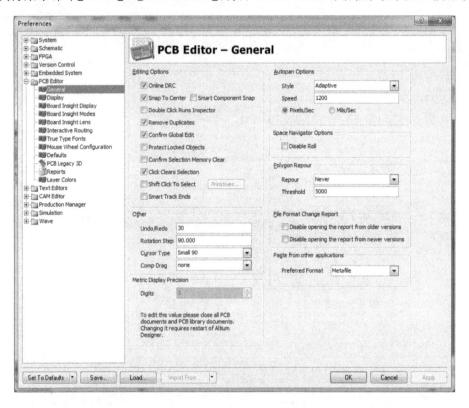

图 9-9　Preferences 对话框

该对话框可设置参数如下。

(1) Edit Option 区域

该区域用于设置编辑操作时的一些特性,其中包括在线设计规则检查和移除复制品等,常用编辑选项如下。

① Online DRC:在线规则检查,启动该复选框,在布线的整个过程中系统将会自动按照设定的规则进行检查。

② Snap To Center:用于设置当用户移动元件封装或字符串时,光标是否自动移动到元件封装或字符串参考点。系统默认选中。

③ Remove Duplicates:用于设置系统是否自动删除重复的组件,系统默认选中。

④ Confirm Global Edit:用于设置进行整体修改时,系统是否出现整体修改结果提示对话框,系统默认选中。

（2）Autopan Options 区域

该区域用于设置自动移动功能。其中包括两个列表框,可分别定义 PCB 移动模式和速度,如下所示:

① Style:可设置移动模式。下拉菜单中包含以下 6 种选择方式。

• Disable:选择该模式,取消移动功能。在光标移动到设计区的边缘时系统不会自动向看不见的图纸区域移动。

• Re-Center:选择该模式,取消移动功能。在光标移到编辑区边缘时,系统将光标所在的位置设为新的编辑区中心。

• Fixed Size Jump:选择该模式,当光标移到编辑区边缘时,系统将以【Step Size】文本框的设定值为移动量,向未显示的部分移动;按住 Shift 键后,系统将以【Shift Size】文本框的设定值为移动量,向未显示的部分移动,如图 9-10 所示。

• Shift Accelerate:选择该模式,当光标移到编辑区边缘时,如果【Shift Size】文本框的设定值比【Step Size】文本框的设定值大,系统将以【Step Size】文本框的设定值为移动量,向未显示的部分移动。按住 Shift 键后,系统将以【Shift Size】文本框的设定值为移动量,向未显示的部分移动。

图 9-10 Fixed Size Jump

• Shift Decelerate:选择该模式,规则与 Shift Accelerate 模式的规则相反。

• Ballistic:选择该模式,当光标移到编辑区边缘时,越往编辑区边缘移动,移动速度越快。

• Adaptive:选择该模式为自适应模式,系统将会根据当前图形的位置自适应选择移动方式。

② Speed:该编辑框用于设置单步移动距离,单位为像素点。系统默认为 1 200 个像素点,并且移动的单位可通过下面的单选项选择。Pixels/Sec 为“像素/秒”;Mils/Sec 为“mil/秒”。

（3）Polygon Repour 区域

在 Repour 下拉菜单中可以设置 3 种覆铜重复选择模式,分别如下。

• Never:覆铜时从不重复覆铜。

• Threshold:阈值。覆铜进行有限次重复,默认 5 000 次。

• Always:始终重复覆铜。

2. 图纸设置

执行菜单命令【Design】→【Board Options】,或者在 PCB 编辑界面单击右键,选择【Options】→【Board Options】,弹出如图 9-11 所示对话框。

图纸参数设置对话框主要包括以下几项设置。

（1）【Measurement Unit】:用来设置 PCB 板中的度量单位。单击下拉菜单按钮可以选择 Metric(公制单位)或者 Imperial(英制单位)。

（2）【Snap Grid】:用来设置 PCB 板中光标捕捉对象时的最小距离。设计人员可以单击右侧的按钮选择 X 或 Y 方向光标捕捉栅格的数值,也可以直接在文本框中输入设置的数值。

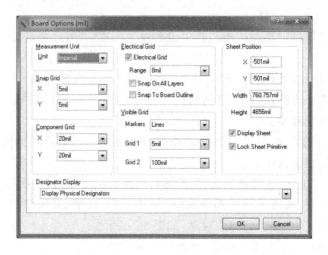

图 9-11　图纸设置对话框

（3）【Electrical Grid】：用来设置 PCB 板中的电气栅格。如果选择【Electrical Grid】复选框，那么在移动或者放置元器件时，当元器件与周围电气栅格的距离在【Range】选项所设置的范围内时，元器件会自动捕捉到栅格上。

（4）【Visible Grid】用来设置 PCB 板上可见栅格的类型和距离。在该区域有 3 个选项。

• 【Markers】：设置栅格的显示类型，单击下拉菜单可以选择 Dots（圆点型）和 Lines（直线型）两种可视栅格类型。

• 【Grid 1】：输入或者选择 PCB 板中的第一可视栅格。

• 【Grid 2】：输入或者选择 PCB 板中的第二可视栅格。

（5）【Sheet Position】：用来设置 PCB 板图纸的大小和位置。在该区域有 5 个选项。

• X/Y 该文本框用来设置 PCB 板左下角顶点的坐标值。

• 【Width】：该文本框用来设置 PCB 图纸的宽度。

• 【Height】：该文本框用来设置 PCB 图纸的高度。

• 【Display Sheet】：该复选框用来设置是否显示 PCB 板的图纸。

• 【Lock Sheet Primitive】：该复选框用来锁定 PCB 板的图纸结构。

9.3　装入网络表与元器件

装入网络表和元器件封装是制作 PCB 板的重要环节，是将原理图设计的数据装入 PCB 设计系统的过程。在装入网络表和元器件封装之前，设计人员应该先执行菜单命令【Project】→【Compile Document 555.SchDoc】编译设计项目，根据编译信息来检查原理图是否存在错误。如果有错误应该及时修改，否则装入网络表和元器件封装时将会产生错误，导致装载失败。

操作步骤如下：

（1）切换到原理图编辑界面，选择【Design】→【Update Document 555.PcbDoc】命令，将

弹出 Engineering Change Order 对话框,如图 9-12 所示。在该对话框中列出了所有的元器件和网络在对话框底部有 4 个按钮(Validate Changes 验证更改、 Execute Changes 执行更改、 Report Changes... 更改报告、 Close 关闭)和 1 个复选框(【Only Show Errors】仅显示错误)。

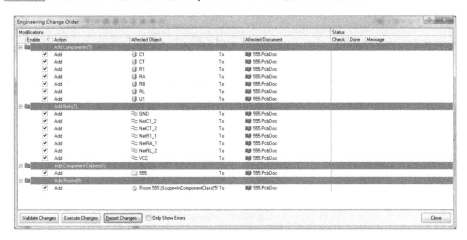

图 9-12　Engineering Change Order 对话框

　　①【Validate Changes】:单击该按钮可检查工程变化,并在对话框中上方的【Check】栏中显示检查的结果,如果正确的话会在【Check】栏中显示 ,如果错误会显示 。如图 9-13 所示。

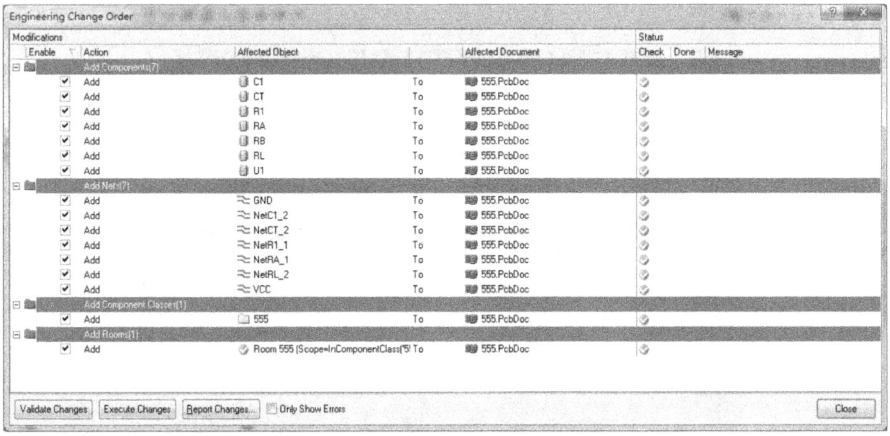

图 9-13　检查全部正确的对话框

　　②【Execute Changes】:如果之前检查全部正确的话,单击该按钮可接受工程变化,把所有的元器件封装和网络连接都显示在 PCB 的编辑区域中。如图 9-14 所示。

　　③【Report Changes】:单击该按钮可弹出 Report Preview 对话框,如图 9-15 所示。该对话框中显示了所有元器件的信息和状态。

　　④【Close】:单击该按钮,将关闭该对话框,结束网络表和元器件封装库的加载过程。

　　⑤【Only Show Errors】:选中该复选框,则【Modifications】对话栏中将会只显示错误的元器件封装和网络信息。

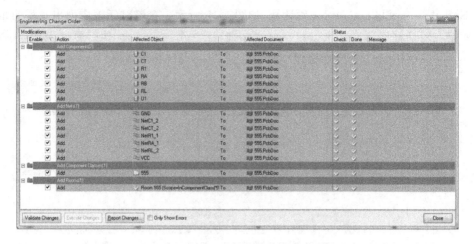

图 9-14   执行变化之后的对话框

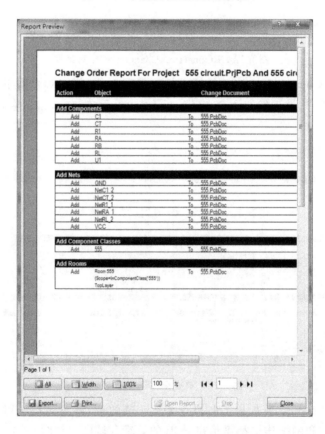

图 9-15   Report Preview 对话框

（2）单击【Validate Changes】后如果检查无误,再单击【Execute Changes】就会把所有的网络和元器件封装加载到 PCB 编辑器中,关闭对话框后,装载结果如图 9-16 所示。

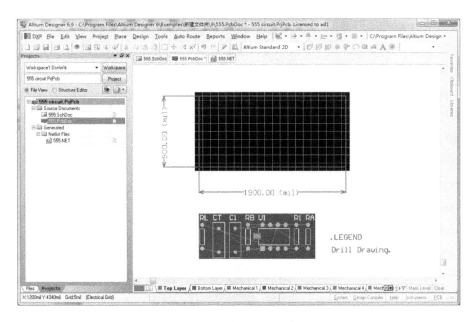

图 9-16　原理图的元件封装装载到 PCB 编辑界面内

9.4　元件布局

完成了网络表和元器件封装的载入工作后,就要进行元器件的布局调整。元器件布局是否合理,将直接影响布线的成功率和电路板电气性能的优劣。而要出色地完成这一部分的工作,仅仅靠理论知识是不够的,还需要大量的实践来丰富设计人员的布局技巧。

1. 自动布局

将元件的封装载入 PCB 图时,元件放置的位置是不正确的,因此需要对元件封装的位置进行调整、布局。利用系统提供的自动布局工具可以完成电路板上元器件的布局,但前提是要事先设定好一些约束条件,即设置元器件布局规则,系统将根据这些规则来自动调整元器件位置。

装在元件后,在 PCB 编辑环境下,执行菜单命令【Tools】→【Component Placement】→【Auto Placer】,弹出 Auto Place 对话框,如图 9-17 所示。在对话框中可以设置有关的自动布局参数,一般情况下可使用默认值。

PCB 编辑器提供了两种自动布局的方式,每种方式均使用不同的计算和优化元件布局策略。

（1）【Cluster Placer】:该布局方式为系统默认方式,它基于元件的连通属性分为不同的元件束,并将这些元件按照一定的几何位置进行布局。该布局方式适合用于元件数比较少的 PCB 文件。

当采用自动布局元件时,选中【Quick Component Placement】复选框后,可以加快布局的结果。设置完成后,单击【OK】系统将自动布局,布局结果如图 9-18 所示。

图 9-17　自动布局设置对话框

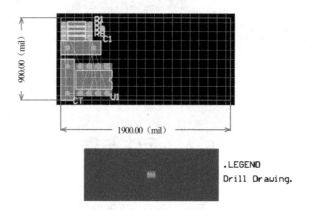

图 9-18　自动布局后的 PCB 板图

（2）【Statistical Placer】：该布局方式为统计布局方式，使用一种统计算法来放置元件，使连接长度最优化。当 PCB 文件中元件数目超过 100 个时，应该使用统计布局方式。选中后，对话框将显示其设置选项，如图 9-19 所示。

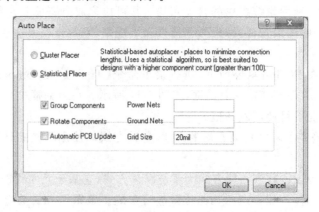

图 9-19　统计布局方式对话框

（3）【Group Components】：选中该复选框后，将当前网络中连接密切的元件归为一组。

在排列时,该组的元件作为一个群体来布局,而不是作为个体来布局。默认选中。

(4)【Rotate Components】:选中该复选框后,将依据当前网络连接与排列的需要,将元件自动转向。如果未选中,元件将按原始位置布置,不能进行元件的转向动作。默认选中。

(5)【Automatic PCB update】:在 PCB 文件中更新最终结果。

(6)【Power Nets】:定义电源网络的名称。

(7)【Ground Nets】:定义地网络的名称。

(8)【Grid Size】:设置元件自动布局时的栅格间距大小。

根据需要在对话框中进行相应的设置后,单击【OK】系统将自动布局。

2. 手工布局

自动布局一般以寻找最短布线路径为目标,所以自动布局的结果往往都不太合理,还需要手工进行调整,因此对于不太复杂的电路通常都是采用手工布局的方式,或者自动布局、手工布局相结合的方式。

手工布局就是在 PCB 编辑环境下以手工的方式将元器件放置到合理的位置。这种布局方式可以使设计出来的电路板布局美观、性能可靠,但是费时、费力而且容易出错,适合于元器件较少的场合。

手工布局没有特定的规则,一般按照尽量减少连线交叉、相邻走线较多的元器件就近排放,滤波电容靠近滤波元器件,模拟电路和数字电路避免混合布局,发热元器件尽量放置在板子边缘、通风处,以及互相干扰的元器件应远离等一些原则进行布局。

手工布局的具体方法很简单,将光标移至某个元器件上,按住鼠标左键不放拖动到合适位置,然后松开鼠标左键即可。在拖动元器件的过程中,如果元器件方向不符,可按空格键旋转元器件,也可以利用 X、Y 键进行水平翻转和垂直翻转元器件(对于双列直插的元器件慎用)来获得合理的布局。除此之外,系统同时也提供了使用菜单命令的方式来实现元件的移动。

执行菜单命令【Edit】→【Move】中的子菜单,即可实现元件的移动操作。使用命令方式移动元件将更加快捷和方便。Move 子菜单中的命令如图 9-20 所示。各项功能如下。

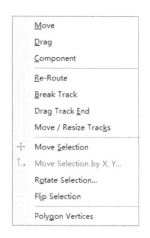

* Move:移动元件。

* Drag:拖动元件。

* Component:与 Drag 和 Move 功能相似,但只能对图中的元件进行移动。

* Re-Route:移动后的元件重新生成布线。

* Break Track:打点某个导线。

* Drag Track End:移动走线的中间部分,走线的两端不会移动。

* Move/Resize Tracks:可对走线的一个端点进行移动。

图 9-20 Move 子菜单

* Move Selection:可将选中的多个元件移动到目标位置。执行命令前应确保要移动的元件已经被选中。

* Rotate Selection:可将选中的元件旋转。

* Flip Selection:可将选中的元件翻转 $180°$。

3. 排列元器件

为了使元件布局美观,还可以使用系统提供的排列工具,如左对齐、底对齐、平均分布等。执行菜单命令【Edit】→【Align】,或者单击【Utilities】工具栏的【Alignment Tools】按钮,都可以找到这些排列工具,如图 9-21 和图 9-22 所示。使用方法和原理图的排列工具相似。

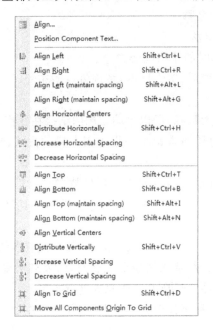

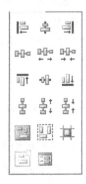

图 9-21 【对齐】菜单命令   图 9-22 排列工具

4. 调整元件标注

在调整元器件位置的过程中,元器件标号会变得杂乱无章,有的重叠在一起,有的标注在别的元器件上。因此在元器件布局完成后,必须合理调整元器件的标注,以便于实际焊接过程中工人能够准确认识电路板和确定所要焊接的元器件。调整元器件标号的方法同调整元器件一样,将光标移至某个标号上,按住鼠标左键不放拖动到合适位置,然后松开鼠标左键即可。调整过程中也可以结合空格键旋转标号的方向,也可以双击标号,在弹出的属性对话框中修改元器件标号的属性,设置方法与字符串属性对话框的设置类似,不再赘述。

完成了元器件及其标号的自动布局和手动调整的操作后,就会得到如图 9-23 所示的布局结果。

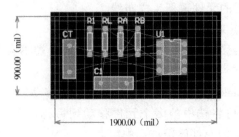

图 9-23 布局完毕后的 PCB 电路图

5．新增元件封装

当加载了网络表、元器件封装,有时可能存在一些网络连接需要设计人员手动添加,比如与总线的连接、与电源线的连接等,以便于 PCB 的自动布线操作。有时也会需要增加一些新的元器件到网络中,比如在一些电路板里,为了增强抗干扰性能,通常会在元件的电源引脚对地接一个滤波电容,这个电容一般在原理图中不会体现出来,但有经验的设计人员在设计 PCB 板时通常会加以增强抗干扰能。系统为用户提供了非常方便的添加网络连接的方法。

例如,在如图 9-23 所示的设计中,需要在元器件 U1 的 8 脚(VCC 引脚)与 GND 之间加一个滤波电容,以使电源工作稳定,不易受干扰,操作步骤如下:

(1)首先在元器件 U1 的 8 脚旁边放置一个电容封装 C4,执行菜单命令【Place】→【Component】,弹出放置元件封装对话框,如图 9-24 所示。

(2)在该对话框中的【Placement Type】可以选择放置类型。选择【Footprint】,系统将会以封装类型指定元器件,此时可在【Component Details】区域中的【Footprint】中输入元件封装的名称,或者单击右侧的 [...] 按钮,打开 Browse Li-

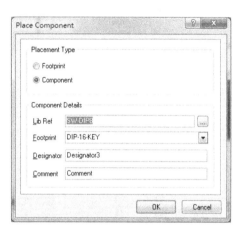

图 9-24　放置元件封装对话框

braries 对话框,选择需要放置的电容的封装 RAD-0.3,如图 9-25 所示,即可在 PCB 板中放置元件封装。同理,选择【Component】,系统将会以组件类型指定元件,此时可在【Lib Ref】中输入元件名称,或者单击右侧的 [...] 按钮,打开 Browse Libraries 对话框,如图 9-26 所示。选择需要放置的电容 Cap,即可在 PCB 板中放置元件封装。

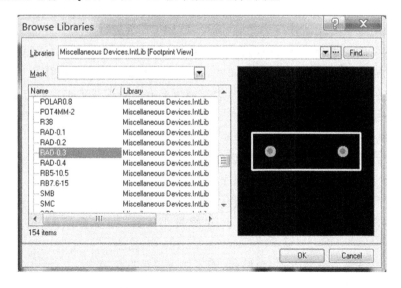

图 9-25　Browse Libraries 对话框

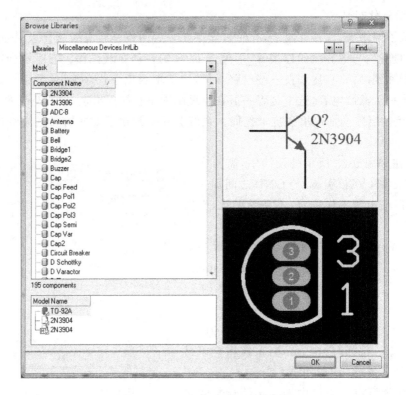

图 9-26　Browse Libraries 对话框

9.5　布线规则

调整好电路板上的元器件布局之后,就可以对 PCB 板进行布线了。布线过程是整个设计过程中最重要的工作,布线的好坏直接决定电路板能否正常工作。对于简单的电路板,可以采用全自动布线,也可以采用纯手工布线;而对于复杂的电路板,采用手工布线就会费时费力,而且容易出错,布通率低,但有时自动布线也会有不合理或不美观的走线,一般情况下多使用自动布线和手工布线相结合的方法。在自动布线之前,可以对要求比较严格的线先进行手工布线。

在自动布线之前,首先应当合理地设置布线规则。设置得是否合理将直接影响到布线的质量和成功率,设置完布线规则后,程序将依据这些规则自动布线。

在布线过程中,应注意一些布线过程中的注意事项。

(1)需要定义相邻的图元之间所允许的最小间距,即安全间距,一般情况下可设置为 10 mil。

(2)布线的拐角一般采用 45°角模式,而不应该采用直角模式。

(3)相邻信号层之间的布线应尽量垂直,平行布线容易产生寄生耦合现象。

(4)输入端与输出端的边线应尽量避免相邻平行,以免产生反射干扰。必要时应加地线隔离。

（5）电源和地之间应该加上去耦电容，抑制噪声及干扰。

（6）尽量加宽电源、地线宽度，它们的一般关系是：地线→电源线→信号线，例如一般的信号线宽度在 8～12 mil，而电源线宽度在 40 mil 以上。

（7）根据对电源/接地线和信号线的不同，过孔的大小也应该有区别。一般电源/接地线过孔的孔径参数设置为孔径 20 mil，宽度 50 mil。一般信号线的过孔为孔径 20 mil，宽度 40 mil。

（8）用大面积覆铜作地线用，可以把印制板上没备用上的地方都与地相连接作为地线用，或者做成多层板，电源，地各占一层。

（9）数字电路与模拟电路的共地问题处理。

在自动布线之前，应该打开相应的工作层面，以便在自动布线时，走线可以放置到该层中。

执行菜单命令【Design】→【Rules】，将会弹出 PCB Rules and Constraints Editor 对话框，如图 9-27 所示。

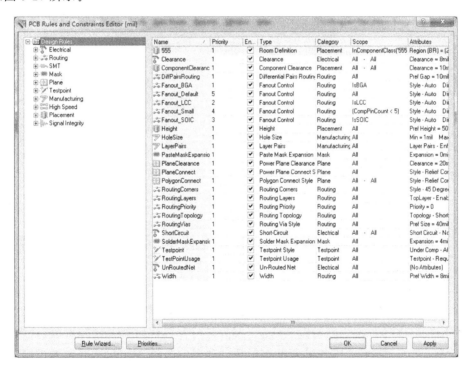

图 9-27　PCB Rules and Constraints Editor 对话框

9.5.1　Electrical 规则

Electrical（电气规则）用于设置自动走线时走线与元件之间的安全设置。包括 Clearance（走线间距规则）、Short Circuit（短路规则）、Un-Routed Net（未布线的网络）和 Un-Connected Pin（未连接的引脚）4 个规则。

1. Clearance(走线间距规则)

走线间距规则即安全间距规则,指同一层面中导线与导线之间,导线与焊盘之间的最小距离,系统提供了一个 Clearance 规则,单击图 9-27 对话框左侧的【Electrical】→【Clearance】→【Clearance】标签,右侧视图中将显示走线间距规则。如果要增加新的规则,可右击【Clearance】标签,执行【New Rule】即可生成新的走线间距规则,如图 9-28 所示。

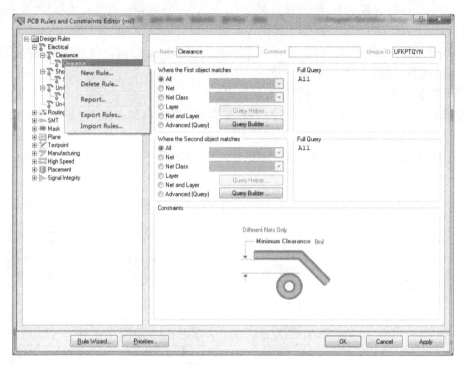

图 9-28　走线间距规则对话框

(1) Name:可指定规则的名称

(2) 走线规则适用范围:可分别在 Where the First/Second Object Matches 两个区域中选择规则所适用的对象。可指定为整个电路板,也可分别指定。

- All:设定规则应用于整个 PCB 板。
- Net:选择该选项后,可从该栏活动列表中选择网络标识号,当前的规则应用到该网络标识号。
- Net Class:选择该选项后,可从该栏活动列表中选择 All Nets,当前的规则应用到所有网络标识号。
- Layer:选择该选项后,可从该栏活动列表中选择工作层,当前的规则应用到该工作层。
- Net and Layer:选择该选项后,可同时设置规则可应用的网络和层。

(3) Constraints 区域:约束规则设置区域中的下拉列表用于设置规则适用的对象,有 3 个选项供用户选择。

• Different Net Only：表示所有的不同网络中的对象间的距离必须大于设置的安全距离。

• Same Net Only：表示相同网络中的对象间的距离必须大于设置的安全距离。

• Any Net：表示所有网络中的对象间的距离必须大于设置的安全距离。

•【Minimum Clearance】编辑框用于设置安全距离的长度，可直接在后面的数字上修改。

2. Short Circuit(短路规则)

该规则用于设置 PCB 板上的导线是否允许短路。单击图 9-27 对话框左侧的【Electrical】→【Short Circuit】→【Short Circuit】标签打开，右侧视图中将显示短路规则的设置选项，如图 9-29 所示。设置方法与走线间距规则相似。

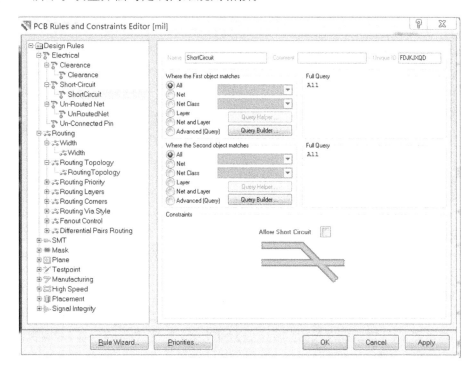

图 9-29　短路规则对话框

3. Un-Routed Net(未布线的网络设计规则)

该规则用于检查指定范围内的网络是否布线成功，如果有布线失败的网络，则该网络上将保持飞线，布线成功的网络上的导线保留。单击图 9-27 对话框左侧的【Electrical】→【Un-Routed Net】→【Un-Routed Net】标签打开，右侧视图中将显示设置选项，如图 9-30 所示。该规则不需要设置其他规则，只要创建规则，设置适用对象即可。

4. Un-Connected Pin(未连接的引脚设计规则)

该规则用于检查指定范围内元器件的引脚连接是否成功。该规则也不需设置其他约束规则，只要创建规则，设置适用对象即可。

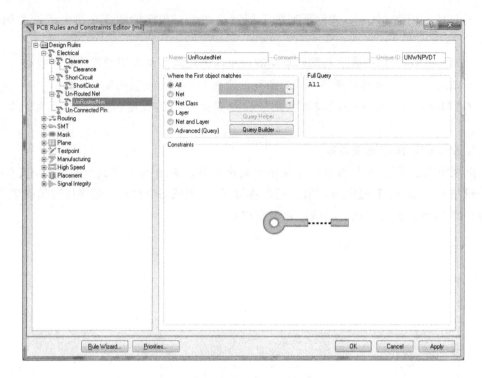

图 9-30　未布线的网络设计规则对话框

9.5.2　Routing 规则

Routing(布线规则)是自动布线的依据,关系到布线的质量。其中包括 Width(布线宽度)、Routing Topology(布线拓扑)、Routing Priority(布线优先级)、Routing Layers(布线工作层)、Routing Corners(布线拐角模式)和 Routing Via Style(过孔类型)等规则。

1. Width(布线宽度)

Width(布线宽度)规则用于定义布线时导线的最大、最小和典型宽度。系统默认为 10 mil。单击图 9-27 对话框左侧的【Routing】→【Width】→【Width】标签,右侧视图中将显示布线宽度规则,如图 9-31 所示。

(1) Min Width:设置导线的最小宽度。该参数值必须小于或等于 Preferred Width 选项的值。

(2) Preferred Width:设置导线的推荐宽度(首选尺寸)。该参数值必须大于等于 Min Width 值且小于等于 Max Width 值。

(3) Max Width:设置导线的最大宽度。该参数值必须大于或等于 Preferred Width 选项的值。

(4) Characteristic Impedance Driven Width:选中该复选框,可设置传输导线的特性阻抗,设置好所需的最小/偏好/最大阻抗。这些会自动转换为导线在每层的宽度,来匹配用户定义的阻抗属性,如图 9-32 所示。

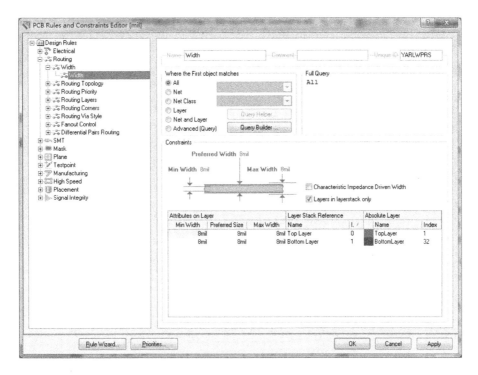

图 9-31 布线宽度规则设置对话框

（5）Layer in layerstack only：选中该复选框，布线宽度规则只对板层堆栈中开启的层有效，并在下面区域显示有效层。如果不选中该复选框，布线宽度规则对所有信号层都有效，下面区域也会显示所有的信号层。

Preferred Impedance 50.00ohms

Min Impedance 50.00ohms Max Impedance 50.00ohms

☑ Characteristic Impedance Driven Width
☑ Layers in layerstack only

图 9-32 传输导线的特性阻抗设置区域

2. Routing Topology

Routing Topology（布线拓扑）规则用于设置引脚之间的布线规则。单击图 9-27 对话框左侧的【Routing】→【Routing Topology】→【Routing Topology】标签，右侧视图中将显示布线拓扑规则，如图 9-33 所示。

Altium Designer 共提供了 7 种拓扑结构。默认为 Shortest，可在下拉列表中选择其他拓扑结构。7 种拓扑结构如图 9-34 所示。

（1）Shortest：最短方式。该方式指定各网络节点间的连线长度最短。

（2）Horizontal：水平方式。该方式指定优先连接水平方向的节点。

（3）Vertical：垂直方式。该方式指定优先连接垂直方向的节点。

（4）Daisy-Simple：简单链状方式。该房是指定使用链式连通法则，将相同网络内所有的节点连成一串，且连线总长度最短。

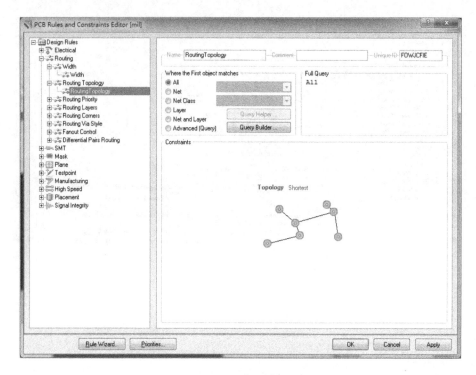

图 9-33　布线拓扑规则设置对话框

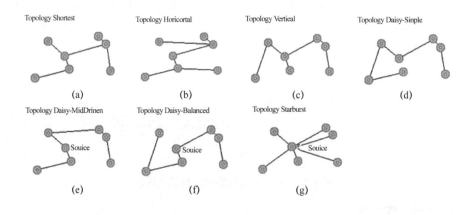

图 9-34　7 种布线拓扑结构

　　(5) Daisy-MidDriven：中间扩散链状方式。该方式与简单链状方式类似，但它是在网络中找到一个中间源点，然后分别向两端链接扩展。

　　(6) Daisy-Balanced：平衡扩散链状方式。该方式也是以源点为起点向两端链接扩展，但它能保证两端的节点数基本相同。

　　(7) Starburst：星形扩散方式。该方式以源点为中心，分别向其他节点单独连接。

3. Routing Priority

　　Routing Priority(布线优先级)规则用于定义网络的布线顺序，优先权高的先布线，优先权低的后布线。系统共提供了 101 个优先权，数字 0 代表优先权最低，数字 100 则代表优先权最高。

4. Routing Layers

Routing Layers(布线工作层)规则用于定义在自动布线的过程中哪些信号层允许布线。单击图 9-27 对话框左侧的【Routing】→【Routing Layers】→【Routing Layers】标签,右侧视图中将显示布线工作层设置界面。如图 9-35 所示,界面中显示了正在使用的信号层 Top Layer 和 Bottom Layer,选中后面的复选框,表示该层允许布线。

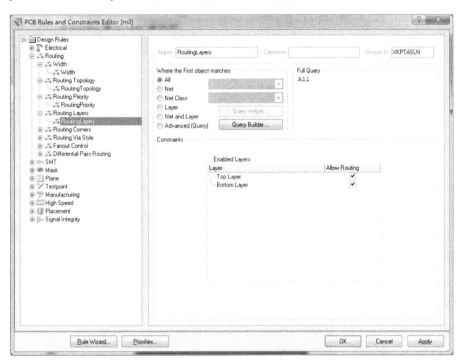

图 9-35 布线工作层设置对话框

5. Routing Corners

Routing Corners(布线拐角模式)规则用于定义自动布线时拐角处走线的形状以及允许的最大和最小尺寸。单击图 9-27 对话框左侧的【Routing】→【Routing Corners】→【Routing Corners】标签,右侧视图中将显示布线拐角模式设置界面。单击下拉列表可以选择拐角模式。系统共提供了 3 种拐角模式:90 Degrees(90°)、45 Degrees(45°)和 Round(圆弧),如图 9-36 所示,一般系统默认 45°拐角。

6. Routing Via Style

Routing Via Style(过孔类型)规则用于定义自动布线过程中过孔的宽度和过孔孔径的宽度。单击图 9-27 对话框左侧的【Routing】→【Routing Via Style】→【RoutingVias】标签,右侧视图中将显示过孔参数设置界面,如图 9-37 所示。

在该界面中可对 Via Hole Size 和 Via Diameter 两个参数进行设置,每个参数分别对应 Minimum、Maximum 和 Preferred3 个参数项。设置时需要注意,过孔直径和过孔孔径直径的差值不宜过小,否则将不宜于制板加工,一般差值在 10 mil 以上为宜。

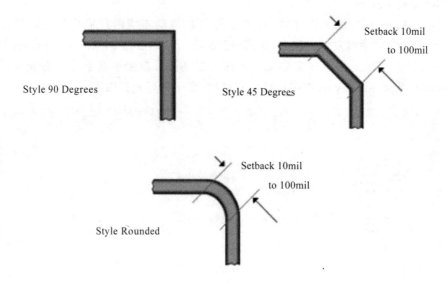

图 9-36　3 种拐角模式

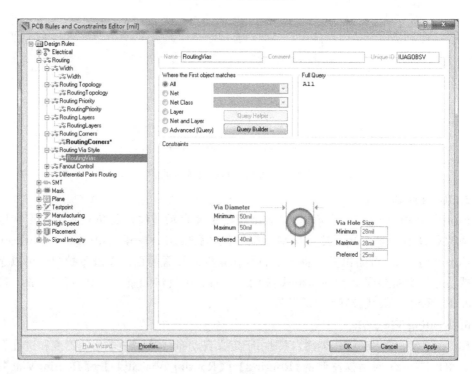

图 9-37　过孔参数设置对话框

9.5.3　SMT 规则

SMT(贴片封装元件规则)，包括 SMD To Corner(走线拐弯处规则)、SMD To Plane
(SMD 到电平面的距离规则)和 SMD Neck-Down(SMD 的缩颈规则)。

1. SMD To Corner

SMD To Corner(走线拐弯处规则)用于指定走线拐弯处与表面贴元件焊盘的距离。默认情况下没有布线规则,右击图9-27对话框左侧的【SMT】→【SMD To Corner】标签,执行【New Rule】,单击刚才建立的规则,对话框右侧将显示其设置选项,如图9-38所示。

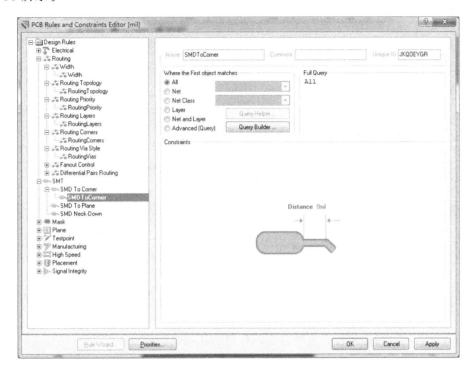

图9-38 走线拐弯处规则设置对话框

默认情况下,下方区域中的Distance中可设置指定走线拐弯处与表面贴元件焊盘的距离。

2. SMD To Plane

SMD To Plane(SMD到电平面的距离规则)用于指定表面贴元件与焊盘或导孔之间的距离。与SMD To Corner规则相同,默认情况下没有规则,右击图9-27对话框左侧的【SMT】→【SMD To Plane】标签,执行【New Rule】,单击刚才建立的规则,其约束规则设置区域需要设置【Distance】参数,系统默认值为0,表示可以直接从焊盘中心打过孔连接电源层。

3. SMD Neck-Down

SMD Neck-Down(SMD的缩颈规则)用于指定表面贴元件焊盘引出导线宽度的百分比。右击图9-27对话框左侧的【SMT】→【SMD Neck-Down】标签,执行【New Rule】,单击刚才建立的规则,右侧视图中就会显示该规则的设置选项,如图9-39所示。

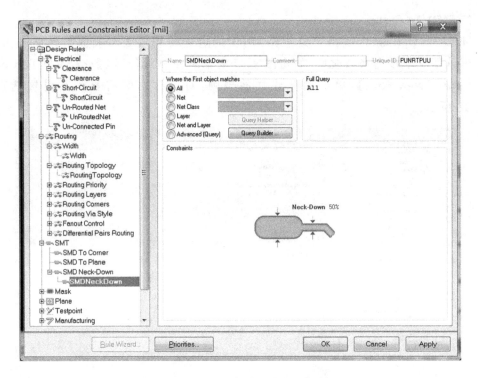

图 9-39　SMD 的缩颈规则设置对话框

9.5.4　Mask 规则

Mask（掩膜层）规则用于设置焊盘到阻焊层的距离，包括 Solder Mask Expansion（阻焊层延伸量）和 Paste Mask Expansion（表面贴元件延伸量）两个规则。

1. Solder Mask Expansion 设计规则

该规则用于设置通孔焊盘到阻焊层的延伸量。在电路板的制作过程中，阻焊层要预留一部分空间给焊盘，这个延伸量就是防止阻焊层和焊盘相重叠。单击图 9-27 对话框左侧的【Mask】→【Solder Mask Expansion】→【Solder Mask Expansion】标签，右侧视图中将显示阻焊层延伸量设置界面，如图 9-40 所示。在约束规则设置区域，【Expansion】编辑框用于设置延伸量的大小，可直接在后面的数字上修改。

2. Paste Mask Expansion 设计规则

该规则用于设置阻焊层中 SMD 焊盘的延伸量，该延伸量是 SMD 焊盘边缘与镀锡区域边缘的距离。单击图 9-27 对话框左侧的【Mask】→【Paste Mask Expansion】→【Paste Mask Expansion】标签，右侧视图中将显示表面贴元件延伸量设置界面。如图 9-41 所示。在约束规则设置区域，【Expansion】编辑框用于设置延伸量的大小，可直接在后面的数字上修改。

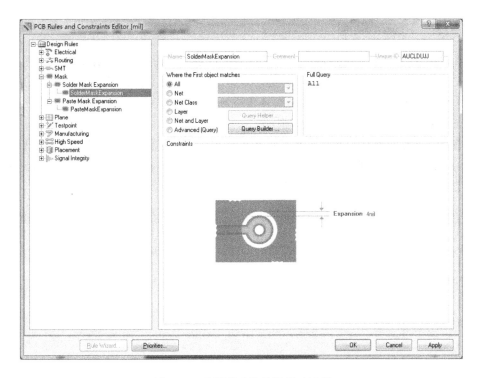

图 9-40　阻焊层延伸量设置对话框

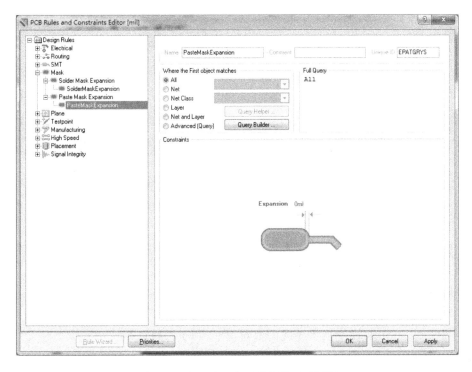

图 9-41　表面贴元件延伸量设置对话框

9.5.5 Plane 规则

Plane(内部电源层设计规则)主要是设定焊盘、过孔与敷铜区、电源层的连接规则,包括 Power Plane Connect Style(电源层连接类型规则)、Power Plane Clearance(电源层安全间距规则)和 Polygon Connect Style(覆铜连接规则)3 种规则。

1. Power Plane Connect Style 规则

该规则用于设置焊盘或过孔与覆铜区的连接方式。单击图 9-27 对话框左侧的【Plane】→【Power Plane Connect Style】→【Plane Connect】标签,右侧视图中将显示电源层连接类型规则设置界面,如图 9-42 所示。其约束规则设置如下。

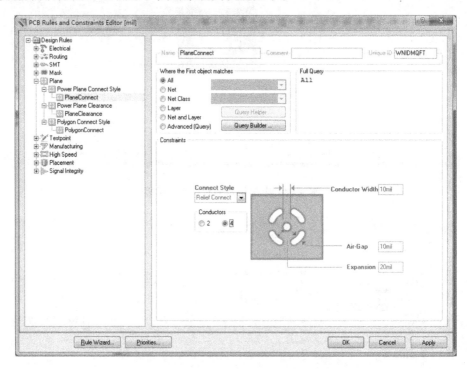

图 9-42 电源层连接类型规则设置对话框

(1)【Connect Style】:设置焊盘或过孔与电源层的连接方式。单击下拉按钮,有 3 个选项供用户选择。

• Relief Connect:选择该选项表示放射状连接。选择该类型时,可设置连接导线的数量、宽度以及通孔空隙大小、焊盘与空隙的距离等参数,如图 9-42 所示。

• Direct Connect:选择该选项表示直接连接。

• No Connect:选择该选项表示不连接。

(2)【Conductors】:设置连接导线的数量,有 2 和 4 两种选择。

2. Plane Clearance 规则

该规则用于设置电源板层与穿过它的焊盘或过孔间的安全距离。单击图 9-27 对话框左侧的【Plane】→【Power Plane Clearance】→【Plane Clearance】标签,右侧视图中将显示电源层安全间距规则设置界面,如图 9-43 所示。在约束规则设置区域,【Clearance】选项用于设置距离值,可直接在后面的数字上修改。

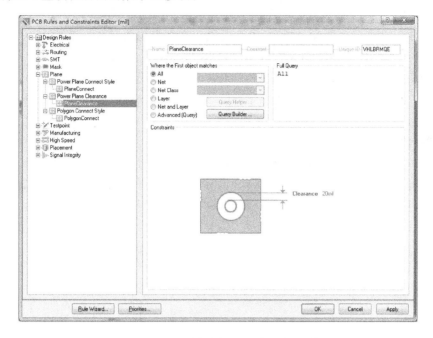

图 9-43　电源层安全间距规则设置对话框

3. Polygon Connect 规则

该规则用于设置敷铜区与焊盘之间的连接方式。单击图 9-27 对话框左侧的【Plane】→
【Polygon Connect Style】→【Polygon Connect】标签,右侧视图中将显示覆铜连接规则设置
界面,如图 9-44 所示。设置方法和 Power Plane Connect Style 规则相似。

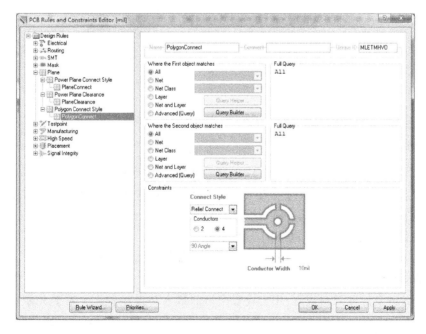

图 9-44　覆铜连接规则设置对话框

9.5.6 High Speed 规则

High Speed(高频电路设计规则)用于设置与高频电路有关的一些规则。包括 Parallel Segment(平行线间距限制规则)、Length(网络长度限制规则)、Matched Net Lengths(网络长度匹配规则)、Daisy Chain Stub Length(菊花状布线分支长度限制规则)、Vias Under SMD(SMD 焊盘下过孔限制规则)和 Maximum Via Count(最大过孔数目限制规则)6 种规则。

1. Parallel Segment 规则

Parallel Segment(平行线间距限制规则)用于设置平行导线的长度和距离。需要先添加新规则,右击图 9-27 对话框左侧的【High Speed】→【Parallel Segment】标签,执行【New Rule】,单击刚才建立的规则,对话框右侧将显示其设置选项,如图 9-45 所示。其约束规则设置如下。

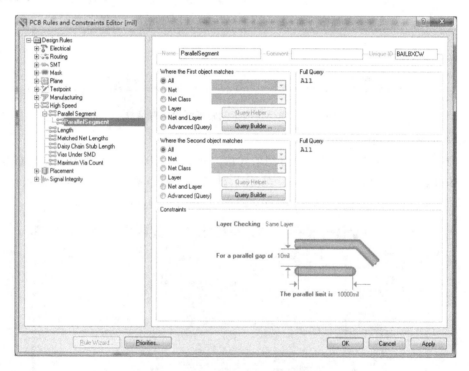

图 9-45 平行线间距限制规则设置对话框

(1)【Layer Checking】:该选项用于设置规则使用的板层。单击后面的下拉按钮,有两个选项供用户选择:Same Layer(同一板层)和 Adjacent Layer(相邻板层)。

(2)【For a parallel gap of】:用于设置并行导线的最小距离。

(3)【The parallel limit is】:用于设置并行导线允许的并行长度。

2. Length 规则

Length(网络长度限制规则)用于设置网络的最大和最小长度。需要先添加新规则,右击图 9-27 对话框左侧的【High Speed】→【Length】标签,执行【New Rule】,单击刚才建立的规则,对话框右侧将显示其设置选项,如图 9-46 所示。其约束规则设置如下。

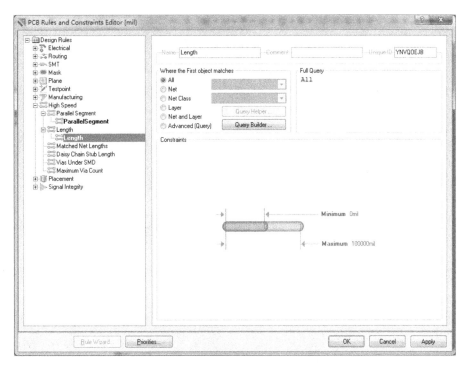

图 9-46　网络长度限制规则设置对话框

（1）【Minimum】：设置网络的最小长度。

（2）【Maximum】：设置网络的最大长度。

3. Matched Net Length 规则

Matched Net Length（网络长度匹配规则）用于设置网络等长匹配布线，即以规定范围内的最长网络为基准，使其他网络通过调整，在设定的公差范围内和它等长。需要添加新规则，右击图 9-27 对话框左侧的【High Speed】→【Matched Net Length】标签，执行【New Rule】，单击刚才建立的规则，对话框右侧将显示其设置选项，如图 9-47 所示。在约束规则设置区域，【Tolerance】选项用来设置允许的公差范围。

4. Daisy Chain Stub Length 规则

Daisy Chain Stub Length（菊花状布线分支长度限制规则）用于设置以菊花链布线时支线的最大长度。需要添加新规则，右击图 9-27 对话框左侧的【High Speed】→【Daisy Chain Stub Length】标签，执行【New Rule】，单击刚才建立的规则，对话框右侧将显示其设置选项，如图 9-48 所示。在约束规则设置区域，【Maximum Stub Length】编辑框用来设置支线的长度。

5. Visa Under SMD 规则

Vias Under SMD（SMD 焊盘下过孔限制规则）用于设置是否允许在表面贴式元器件的焊盘下面放置过孔。需要添加新规则，右击图 9-27 对话框左侧的【High Speed】→【Vias Under SMD】标签，执行【New Rule】，单击刚才建立的规则，对话框右侧将显示其设置选项，如图 9-49 所示。在约束规则设置区域，选中【Allow Vias under SMD Pads】选项后面的复选框，则允许在表面贴式元器件的焊盘下面放置过孔。

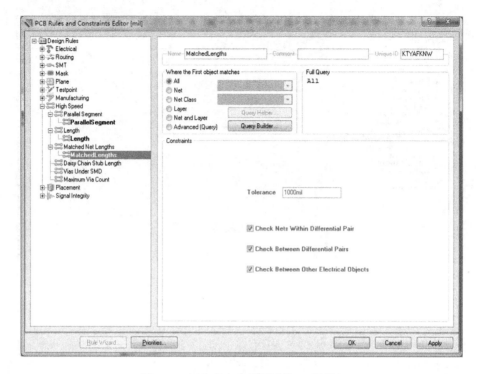

图 9-47　网络长度匹配规则设置对话框

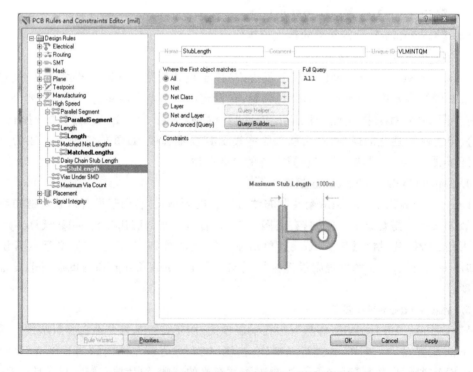

图 9-48　菊花状布线分支长度限制规则设置对话框

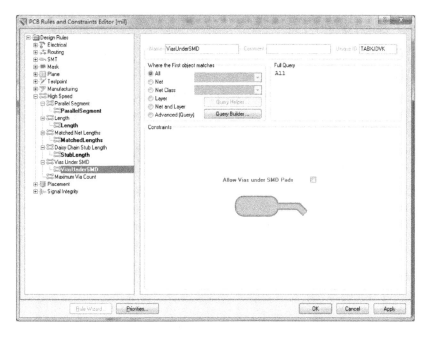

图 9-49　SMD 焊盘下过孔限制规则设置对话框

6．Maximum Via Count 规则

　　Maximum Via Count（最大过孔数目限制规则）用于设置电路板上允许的最大过孔数。需要添加新规则，右击图 9-27 对话框左侧的【High Speed】→【Maximum Via Count】标签，执行【New Rule】，单击刚才建立的规则，对话框右侧将显示其设置选项，如图 9-50 所示。在约束规则设置区域，【Maximum Via Count】编辑框用来设置电路板上允许的最大过孔数。

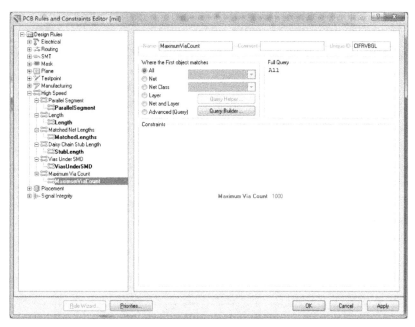

图 9-50　最大过孔数目限制规则设置对话框

9.5.7 规则设置向导

当对布线规则不熟悉,并且需要创建一个规则时,可以通过规则设计向导进行创建。使用规则设计向导,可以使设计者快速了解规则设置方法。

执行菜单命令【Design】→【Rule Wizard】,打开 New Rule Wizard 对话框,单击【Next】,打开可以选择规则类型的 Choose the Rule Type 对话框,如图 9-51 所示。

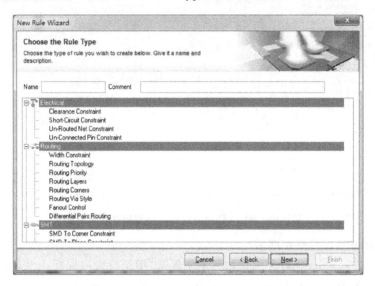

图 9-51 Choose the Rule Type 对话框

在该对话框中,可以设置要创建规则的名称和注释信息,并且选择要创建的规则类型。例如,分别在【Name】和【Comment】文本框中输入"Width_ALL"和"导线宽度规则",然后在下方的列表框中选择【Routing】→【Width Constraint】节点。单击【Next】按钮,打开选择规则适用范围的 Choose the Rule Scope 对话框,如图 9-52 所示。

图 9-52 Choose the Rule Scope 对话框

选择好规则的适用范围后，单击【Next】按钮，打开选项规则优先权 Choose the Rule Priority 对话框，如图 9-53 所示。

图 9-53　Choose the Rule Priority 对话框

在该对话框中，可以通过按钮【Increase Priority】和【Decrease Priority】对优先级进行设置。设置完成后，单击【Next】按钮，打开新规则完成的 The New Rule is Complete 对话框，如图 9-54 所示。

图 9-54　The New Rule is Complete 对话框

在该对话框中可以直接修改导线宽度的参数，设置完成后，单击【Finish】按钮，自动弹出所生成的导线宽度规则，如图 9-55 所示。

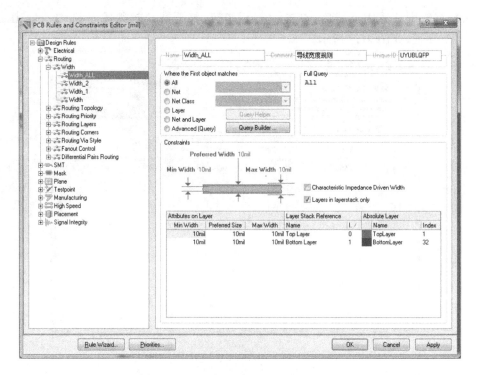

图 9-55　利用向导生成的导线宽度规则

9.6　自动布线

自动布线，就是系统根据设计人员定义的布线规则和策略，按照一定的算法，依据事先生成的网络宏，自动在电路板的各个元器件之间进行的布线。

9.6.1　全局布线

执行菜单命令【Auto Route】→【All】，将进行全局布线，弹出 Situs Routing Strategies 对话框，如图 9-56 所示。从下方的列表栏中可以看出，系统默认提供 6 种行程策略，其中 Default 2 Layer Board（普通双面板默认的布线策略）和 Default 2 Layer With Edge Connectors（边缘有接插件的双面板默认布线策略）是用于双面板的布线策略。我们一般设计的都是双面板，所以一般采用这两个布线策略。如果默认的有效行程策略中没有需要的策略，可以单击【Add】按钮添加有效行程策略。单击 Edit Rules... 按钮，将打开如图 9-27 所示的布线规则设置对话框，可以重新设置当前行程策略的布线规则。

在前面的例子 555 电路的设计中，布线规则设置如下：Width 规则设置为普通导线 10 mil，新建 width1 规则电源线 20 mil，新建 width2 地线 30 mil，Routing Toplogy 子规则选择 Shortest 结构，Routing Corners 子规则选择 45 Degrees 模式，其他规则为默认项。然后单击 PCB Rules and Constraints Editor 对话框中的【OK】按钮，结束参数设置。

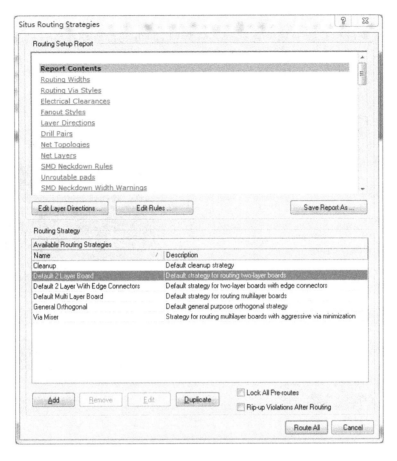

图 9-56 Situs Routing Strategies 对话框

单击图 9-56 中的 Route All 按钮,系统将开始自动布线。布线完成后,将会弹出 Messages 对话框,显示布线过程中的一些信息。全局布线后的电路板如图 9-57 所示。

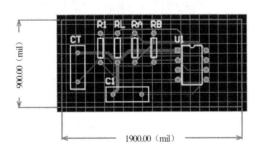

图 9-57 自动布线之后的电路板

9.6.2 局部布线

除了全局布线的命令以外,在【自动布线】菜单栏中还提供了多个局部布线命令,可使用这些命令对 PCB 图中某个连接线或区域等进行布线。例如对选定的网络进行自动布线、对指定元器件布线、对指定区域进行布线、对 Room 区进行布线等,如图 9-58 所示。

（1）Net（对选定的网络进行自动布线）：执行该命令后，鼠标指针将添加一个"十"字符号，然后单击需要进行布线的网络连线或元件焊盘，即可进行自动布线。如果单击目标为焊盘时，将打开一个窗口显示可能操作的选项，如图 9-59 所示。选择 Pad 后，系统将为该焊盘与之相连的网络进行布线，如图 9-60 所示。

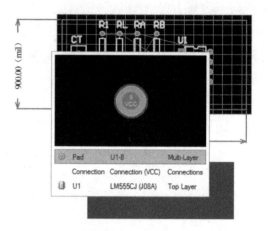

图 9-58 【自动布线】菜单栏   图 9-59 对 VCC 网络布线的选项

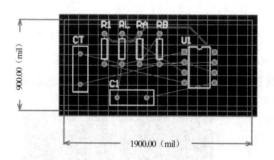

图 9-60 对 VCC 网络布线的效果

（2）Component（指定元器件布线）：执行该命令后，单击指定的元器件，即可对该元器件相连的网络进行布线。例如，对电路图中的 U1 元件进行移动元器件布线，布线效果如图 9-61 所示。

（3）Area（对指定区域进行布线）：执行该命令后，在 PCB 图中选择一个区域，选择后该区域中的元件与连线自动不想。例如执行该命令后，选择一个区域包含了图中 R1、RL、RA、RB 四个电阻，布线效果如图 9-62 所示。

（4）Room（空间布线）：Room 是生成网络表时自动生成的一块区域，如图 9-18 所示的下方 555 区域。执行该命令后，单击 Room 区，即可对 Room 空间内 PCB 进行自动布线，如果只有一个 Room 区，则效果和全局布线相同。

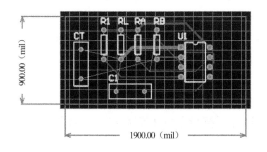

图 9-61　对 U1 进行元器件布线的效果

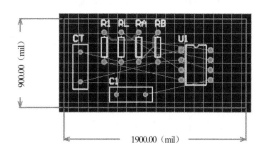

图 9-62　指定区域布线效果图

9.6.3　手工调整布线

由于自动布线都是按照设定的布线规则进行布线,但由于元器件放置位置等诸多原因,布线结果不一定是最合理的,这就需要手工调整不合理的走线。

执行【Tools】→【Un-Route】子菜单中的命令,先拆除需要调整的走线,然后手工重新放置导线。【Un-Route】子菜单中的命令功能如下。

- 【All】:拆除所有的布线。
- 【Net】:拆除所选网络的布线。
- 【Connection】:拆除所选的一条走线。
- 【Component】:拆除与所选元件相连的走线。
- 【Room】:拆除所选网络空间的走线。

9.7　PCB 设计中常用的其他操作

1. 包地

所谓包地,是对敏感信号线的隔离,避免信号受其他信号线干扰或干扰到附近其他信号线。在某些重要的走线周围围绕一圈地线。具体操作方法如下。

(1) 执行菜单命令【Edit】→【Select】→【Net】,将要包地的网络选中。

(2) 选择【Tools】/【Outline Selected Objects】命令,选中网络的焊盘和导线即可被导线包围起来。

(3) 刚生成的包络线不属于任何网络,需要将它所有线条的网络修改为 GND,然后执行自动布线或手动布线将其与地线连接。

2. 补泪滴

PCB 板在装配或者焊接元器件的时候,经常会出现焊盘脱落或与焊盘与连接的导线断裂的情况,可见焊盘与铜模导线的连接处比较脆弱。为了防止发生断裂现象,设计人员经常会在设计 PCB 板的时候,在焊盘与导线的过渡位置放置一个泪滴形状的导线段,目的是增加焊盘和导线连接处的宽度,提高焊盘在电路板上的机械强度,通常称这种做法为补泪滴。

补泪滴的操作方法很简单,执行菜单命令【Tools】→【Teardrops】,就会弹出 Teardrops Options 对话框,如图 9-63 所示。

(1)【All jPads】:选中该复选框,将对 PCB 板中所有符合条件的焊盘进行补泪滴操作。

(2)【All Vias】:选中该复选框,将对 PCB 板中所有符合条件的过孔进行补泪滴操作。

(3)【Selected Objects Only】:选中该复选框,将对 PCB 板中所有处于选中状态的对象进行补泪滴操作。

(4)【Force Teardrops】:选中该复选框,强制将对不符合条件的焊盘或过孔进行补泪滴操作。

(5)【Create Report】:选中该复选框,将补泪滴操作数据保存成一份报表文件。

(6)【Action】:该分组框包括两个单选按钮,选择【Add】单选按钮将会进行补泪滴操作,选择【Remove】单选按钮就会移除已有的泪滴。

(7)【Teardrop Style】:该分组框用来设置泪滴的具体形状,包括两个单选按钮,选择【Arc】单选按钮,将会用圆弧形铜膜导线进行补泪滴操作;选择【轨迹】单选按钮,将会用直线铜膜导线进行补泪滴操作。

设置完相关的选项后,单击【OK】按钮,系统就会自动对 PCB 板进行补泪滴操作。效果如图 9-64 所示。

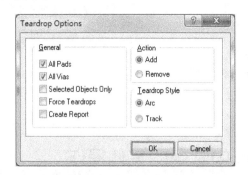
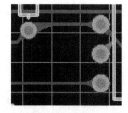

图 9-63　Teardrops Options 对话框　　　　图 9-64　添加 Teardrops 后的效果

3. 多边形覆铜

完成电路板的布线后,为了提高电路板的抗干扰能力,通常在电路板的空白区域进行覆铜处理,一般与地线相连接,具体操作方法如下。执行菜单命令【Place】→【Polygon plane】,或者单击布线工具栏上的 ▇ 按钮,会弹出多边形覆铜设置对话框,如图 9-65 所示。

该对话框中,可以选择 3 种填充模式,分别是 Solid(Copper Regions)、Hatched(Tracks/Arcs)和 None(Outlines Only),最常用的是前两种。

(1)Solid(Copper Regions):实心填充(全铜)模式

该填充模式的具体设置如下。

①【Remove Islands Less Than】:该选项的功能是删除小于指定面积的填充,可直接输入面积值。复选框选中时有效。

②【Arc Approximation】:该选项用于设置弧线的近似值。

③【Remove Necks When Copper Width Less Than】:该选项的功能是删除小于指定宽度的凹槽,可直接输入宽度值。复选框选中时有效。

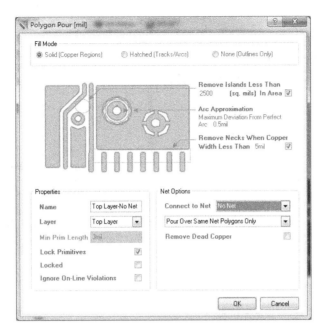

图 9-65　多边形覆铜设置对话框

④【Properties】：该分组框用于设置敷铜的属性，包括名称、所在层、是否锁定、是否忽略障碍等选项。

⑤【Net Options】：该分组框用于设置覆铜连接到网络，一般设置为连接到 GND，并有 3 个铺铜方式可供选择：

- Don't Pour Over Same Net Objects：不覆盖相同网络的对象。
- Pour Over All Same Net Objects：覆盖全部相同网络的对象。
- Pour Over Net Polygons Only：只覆盖相同网络的敷铜。

⑥【Remove Dead Copper】该复选框用于设置是否删除死铜。所谓死铜就是不能连接到指定网络上的孤立区。

（2）Hatched(Tracks/Arcs)：网格线填充(线条/弧)模式

如图 9-66 所示，该填充模式的具体设置如下。

①【Track Width】：该选项用来设置敷铜导线的宽度。

②【Grid Size】：该选项用来设置栅格的宽度。

③【Surround Pads With】：该选项用来设置包围焊盘的形状，有 Arcs(弧形)和 Octagons(八角形)两个选项。

④【Hatch Mode】：该选项用来设置网格线的模式，有【90 度】、【45 度】、【水平的】、【垂直的】4 个选项。

其他选项的设置与实心模式形同。覆铜之后的效果图，如图 9-67 所示。

4．设计规则检查(DRC)

对布线完毕后的 PCB 做 DRC 检查，可以确保 PCB 满足设计要求。例如，利用 DRC 可以检查所有网络是否正确连接，导线、电源线与地线宽度、孔径大小是否符合要求等。运行 DRC 的步骤如下。

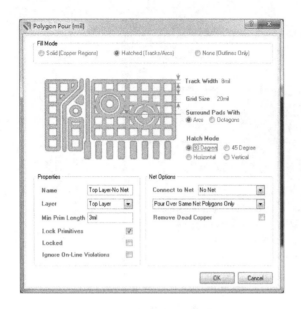

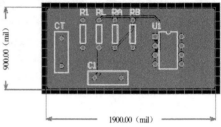

图 9-66　网格线填充模式　　　　　　　　图 9-67　覆铜后的 PCB 电路图

（1）执行菜单命令【Tools】→【Design Rule Check】，可打开如图 9-68 所示的 Design Rule Checker 对话框。

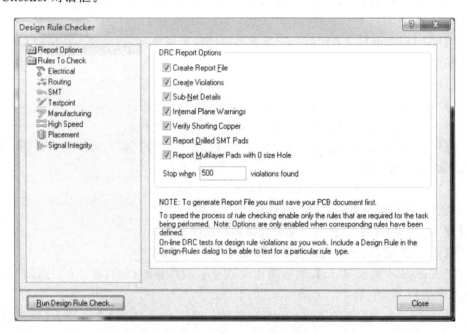

图 9-68　Design Rule Checker 对话框

（2）在此对话框的左侧栏中包括 Report Options 和 Rules To Check 两大部分。具体设置如下。

① Create Report File：报告选项。选中此项后，在右侧可以设定 DRC 报告选项。选项意义如下。

- Create Report File：选中此复选框，表示进行设计规则检查时创建报告文件。
- Create Violations：选中此复选框，表示进行设计规则检查时，安全间距、宽度、平行段冲突将在 PCB 文档中被高亮。
- Sub-Net Details：如果设定了 Un-Routed Net（未连接网络）规则，则选中此复选框可以在设计规则检查报告中包括子网络详细报告。
- Internal Plane Warnings：选中此复选框，在设计规则检查报告中将包括内电层警告。

② Rules To Check：此栏包括将要检查的各项规则，用户可根据需要进行设定，如图 9-69 所示。选项意义如下。

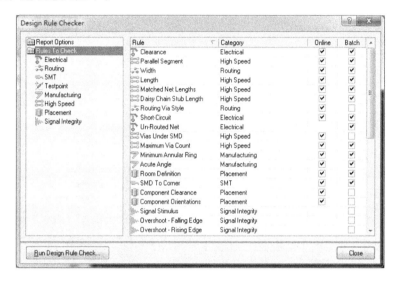

图 9-69　设定检查规则

- Clearance：用于检测是否有安全间距问题。
- Width：用于检测是否有走线宽度问题。
- Short：用于检测是否有电路短路问题。
- Un-Routed Net：用于检测是否有未布线的问题。
- Un-Connected Pin：用于监测是否对没有布线的引脚进行检测。

（3）设定好规则后，单击对话框左下角的 Run Design Rule Check... 按钮，即可开始运行设计规则检查。

（4）检查结束后，系统将产生一个检查情况报表，并弹出 Messages 面板，可根据信息内容进行判断和修改。

9.8　PCB 设计实例

图 9-70 所示为第 4 章最后一个例子的 Power 电路原理图。

操作步骤：

（1）启动 Altium Designer 软件，执行菜单命令【File】→【New】→【Project】→【PCB Project】，创建一个工程文件，右击新建的工程，保存并改名为 Power. PrjPcb。执行菜单命令【File】→【New】→【Schematic】创建一个原理图文件，右击新建的文件，保存并改名为 Power. SchDoc。按照图 9-70 将原理图绘制完毕。

（2）利用向导生成 PCB 文件，打开 File 工作面板，单击在最下方的【New from template】栏中的【PCB Board Wizard】，如图 9-71 所示，弹出 PCB Board Wizard 对话框。

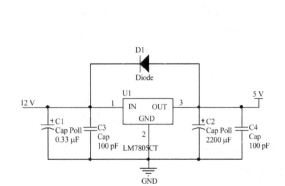

图 9-70 7805 稳压电路图　　　　　　　图 9-71 File 工作面板里的 PCB Board Wizard 节点

（3）依次设置 Imperial（英制单位）、Custom（定制电路板）、电路板大小：Width 为 2 000 mil、Height 为 1 000mil、电路板层为双面板，通孔、直插式元件、过孔采用默认设置。从 Project 工作面板中可以看到，生成了一个名为 PCB1. PcbDoc 的 PCB 文件。单击新建的 PCB 文件并拖动其加入 Power. PrjPcb 工程中。右击保存并改名为 Power. PcbDoc，如图 9-72 所示。

（4）打开工程中的原理图文件 Power. SchDoc，执行菜单命令【Design】→【Update PCB Document Power. PcbDoc】，弹出 Engineering Change Order 对话框，如图 9-73 所示。

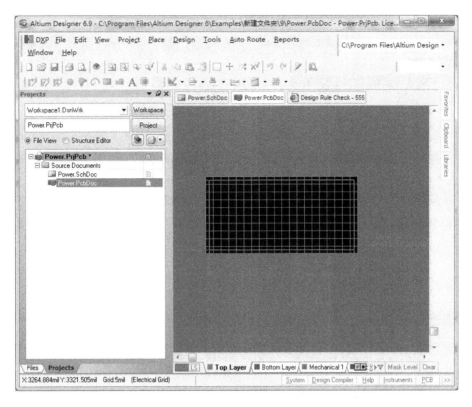

图 9-72　生成的 PCB 文件

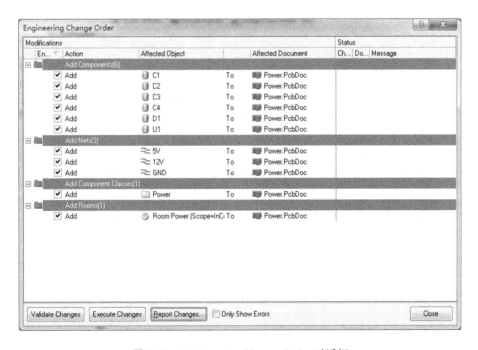

图 9-73　Engineering Change Order 对话框

（5）单击【Validate Changes】按钮，检查工程变化，如图 9-74 所示。

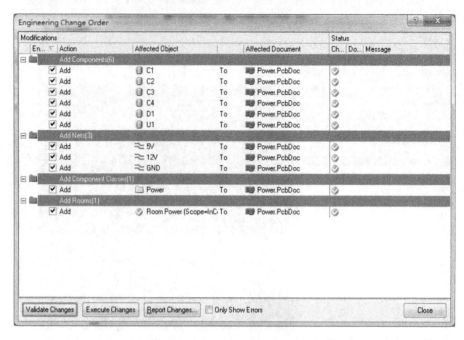

图 9-74　检查工程变化

（6）如没有检测到错误，单击【Execute Changes】按钮，执行更改，元件封装和网络添加到 PCB 编辑器中。如图 9-75 和图 9-76 所示。

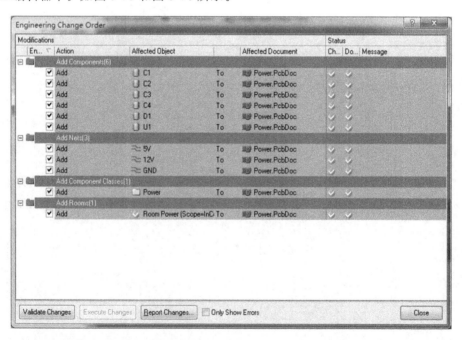

图 9-75　执行更改

（7）执行菜单命令【Tools】→【Component Placement】→【Auto Placer】进行布局，弹出 Auto Place 对话框，如图 9-77 所示。

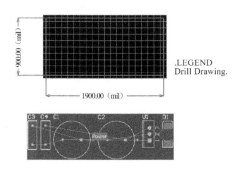

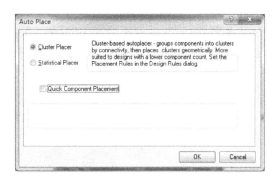

图 9-76　元件封装导入 PCB

图 9-77　自动布局对话框

（8）选择 Cluster Placer 布局策略，单击【OK】按钮，开始自动布局，并利用菜单命令【Edit】→【Move】→【Move】进行手动调整，如图 9-78 所示。

（9）执行菜单命令【Auto Route】→【All】，弹出 Situs Routing Strategies 对话框，单击【Edit Rules】进行布线规则设置，弹出 PCB Rules and Constraints Editor 对话框，如图 9-79 所示。

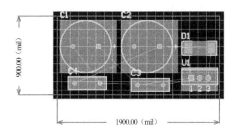

图 9-78　布局完成

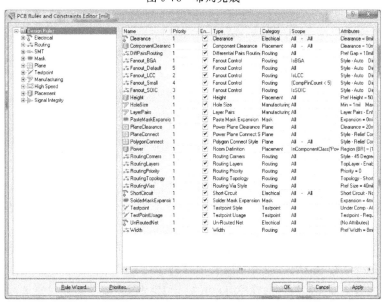

图 9-79　PCB Rules and Constraints Editor 对话框

（10）单击左侧栏中的【Electrical】→【Clearance】→【Clearance】节点，设置走线间距约束设置，最小间距设置为 12 mil，单击左侧栏中的【Routing】→【Width】→【Width】节点，在该节点处添加 Width_1 和 Width_2 两个新规则，分别设置普通导线 8 mil、12 V 电源线 20 mil、地线 40 mil，单击左侧栏中的【Routing】→【Routing Topology】→【Routing Topology】节点，将拓扑结构设置为 Vertical。单击【OK】按钮，如图 9-80 所示。

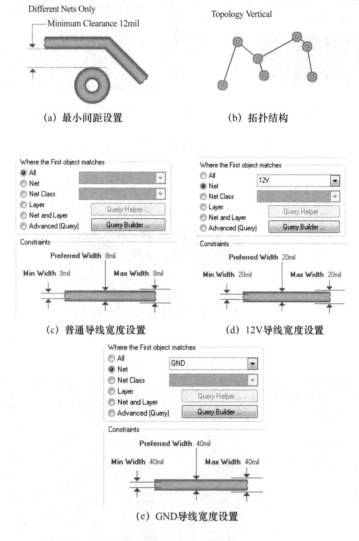

图 9-80　布线规则设置

（11）布线规则设置完毕，单击【OK】按钮，再单击【Route All】，即可完成自动布线，如图 9-81 所示。

（12）接下来执行菜单命令【Tools】→【Teardrops】补泪滴，弹出对话框如图 9-82 所示。不用修改，直接单击【OK】按钮即可完成补泪滴的操作。

（13）执行菜单命令【Place】→【Polygon Pour】覆铜，弹出对话框设置如图 9-83 所示。
即可得到最终的 PCB 电路图，如图 9-84 所示。

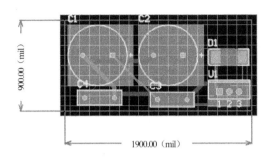

图 9-81 自动布线完毕

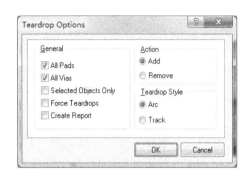

图 9-82 补泪滴设置对话框

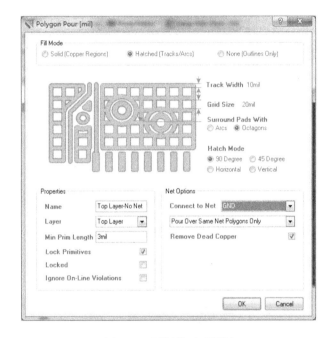

图 9-83 覆铜设置对话框

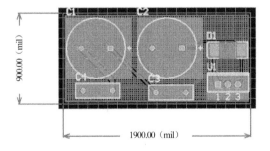

图 9-84 完成的 PCB 电路板

课 后 习 题

9.1　如何利用设计同步器导入网络和元件封装？

9.2　电源和接地导线为何需要加宽？

9.3　覆铜、包地和补泪滴在电路板设计时的作用。

9.4　绘制如图 9-85 所示原理图，元件明细如表 9-1 所示。绘制完成后进行项目编译，生成网络表文件。按下列步骤完成电路板的设计。

（1）新建电路板文件，规划一个 2 000 mil×2 000 mil 的双面电路板，电路中直插元件为主。

（2）在 PCB 板中载入网络表和元件封装。

（3）自动布局并手工调整。

（4）自动布线，其中地线（GND）宽度为 30 mil，电源线（VCC）宽度为 20 mil，其余线宽为 10 mil。

（5）覆铜，补泪滴。

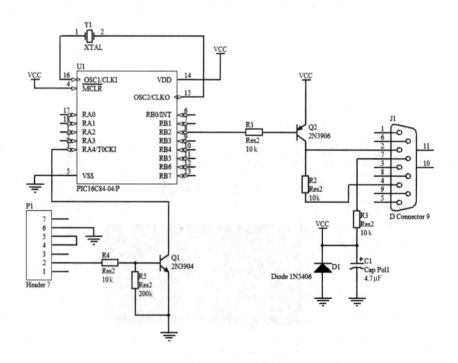

图 9-85　题 9.4 原理图

表 9-1　原理图元件明细

序号	元件名称 Library Ref	元件注释 Comment	封装 Footprint	元件标号 Designator
1	Cap Pol1	Cap Pol1	RB7.6—15	C1
2	Diode 1N5406	Diode 1N5406	DIO18.84—9.6×5.6	D1
3	D Connector 9	D Connector 9	DSUB1.385-2H9	J1
4	Header 7	Header 7	HDR1X7	P1
5	2N3904	2N3904	BCY-W3/E4	Q1
6	2N3906	2N3906	BCY-W3/E4	Q2
7	Res2	Res2	AXIAL-0.4	R1,R2,R3,R4,R5
8	PIC16C84-04/P	PIC16C84-04/P	P18A	U1
9	XTAL	XTAL	BCY-W2/D3.1	Y1

9.5　绘制如图 9-86 所示原理图,元件明细如表 9-2 所示。绘制完成后进行项目编译,生成网络表文件。按下列步骤完成电路板的设计。

(1)新建电路板文件,规划一个 2 000 mil×2 000 mil 的双层电路板。

(2)在 PCB 板中载入网络表和元件封装。

(3)自动布局并手工调整。

(4)自动布线,其中地线(GND)宽度为 30 mil,电源线(VCC)宽度为 20 mil,其余线宽为 10 mil。

(5)覆铜,补泪滴。

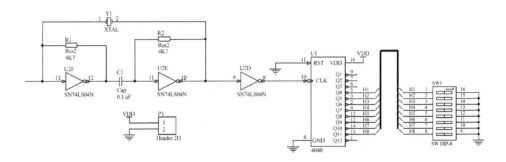

图 9-86　题 9.5 原理图

表 9-2　原理图元件明细

序号	元件名称 Library Ref	元件注释 Comment	封装 Footprint	元件标号 Designator
1	Cap	Cap	RAD-0.3	C1
2	Header 2H	Header 2H	HDR1X2H	P1
3	Res2	Res2	AXIAL-0.4	R1,R2
4	SW DIP-8	SW DIP-8	DIP_SW_8WAY_SMD	SW1
5	HCC4040BF	4040	DIP16	U1
6	SN74LS04N	SN74LS04N	N014	U2
7	XTAL	XTAL	BCY-W2/D3.1	Y1

9.6 绘制如图 9-87 所示原理图,元件明细如表 9-3 所示。其中需要自己创建原理图元件 AT89S52,制作并添加 PCB 封装模型。绘制完成后进行项目编译,生成网络表文件。按下列步骤完成电路板的设计:

（1）新建电路板文件,规划一个 3 000 mil×2 000 mil 的双层电路板。

（2）在 PCB 板中载入网络表和元件封装。

（3）自动布局并手工调整。

（4）自动布线,其中地线（GND）宽度为 30 mil,电源线（VCC）宽度为 20 mil,其余线宽为 10 mil。

（5）覆铜,补泪滴。

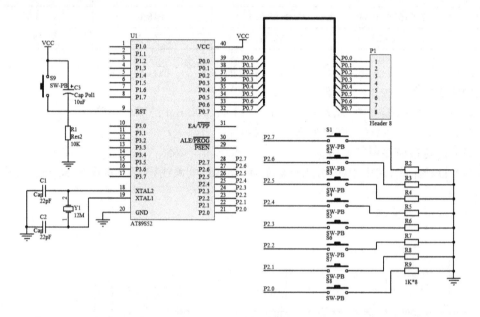

图 9-87 题 9.6 原理图

表 9-3 原理图元件明细

序号	元件名称 Library Ref	元件注释 Comment	封装 Footprint	元件标号 Designator
1	Cap	Cap	RAD-0.3	C1,C2
2	Cap Pol1	Cap Pol1	RB7.6-15	C3
3	Header 8	Header 8	HDR1X8	P1
4	Res2	Res2	AXIAL-0.4	R1,R2,R3,R4,R5,R6,R7,R8,R9
5	SW-PB	SW-PB	SPST-2	S1,S2,S3,S4,S5,S6,S7,S8,S9
6	AT89S52	AT89S52	PDIP40	U1
7	XTAL	12M	R38	Y1

参 考 文 献

[1] 赵辉,渠丽岩.Protel DXP 电路设计与应用教程.北京:清华大学出版社,2011.

[2] 李利刘,鲁涛.Protel 电路设计与制版案例教程.北京:清华大学出版社,2011.

[3] 谈世哲,王圣旭,姜茂林.Protel DXP 基础与实例进阶.北京:清华大学出版社,2012.

[4] 李华嵩,王伟. Protel 电路原理图与 PCB 设计 108 例.北京:中国青年出版社,2006.

[5] 北京三恒星科技公司.Altium Designer 6 设计教程.北京:电子工业出版社,2007.

[6] 石磊,张国强,等.Altium Designer 8.0 中文版电路设计标准教程. 北京:清华大学出版社,2009.

[7] 李珩.Altium Designer 6 电路设计实例与技巧.北京:国防工业出版社,2008.

[8] 王巧芝,王彩霞.Altium Designer 电路设计标准教程.北京:中国铁道出版社,2012.

[9] 胡仁喜,李瑞,邓湘金,等.Altium Designer 10 电路设计标准实例教程. 北京:机械工业出版社,2012.

[10] 高歌.Altium Designer 电子设计应用教程.北京:清华大学出版社,2012.

[11] 宋贤法.Protel Altium Designer 6.x 入门与实用:电路设计实例指导教程.2 版.北京:机械工业出版社,2009.

[12] 杨宗德.Protel DXP 电路设计制版 100 例.北京:人民邮电出版社,2005.

[13] 雍杨.Altium Designer Summer 2009 电路设计标准教程.北京:科学出版社,2011.